李万军　编著

移动互联网之路

APP交互动画设计从入门到精通

After Effects篇

清华大学出版社

北京

内 容 简 介

本书介绍了APP交互动画的制作方法，具体操作时以After Effects CC为主要软件，输出时结合Photoshop CC进行全方位的学习。全书内容由浅入深，采用知识点和实例相结合的方法，在介绍After Effects CC基础知识的同时，着重讲解了交互动画的制作技巧。

全书共分9章，分别为交互动画设计的基础知识、辅助设计软件基础知识、使用After Effects中的图层与时间轴、制作关键帧动画、交互动画制作中蒙版的使用、制作文字动画、色彩校正特效与抠像技术、交互动画的渲染输出等。

本书附赠1张DVD光盘，其中不仅提供了书中所有实例的源文件和素材，还提供了所有实例的教学视频，以帮助读者迅速掌握使用After Effects CC进行APP交互动画制作的精髓，可以让新手能够零起步，进而跨入高手行列。

本书案例丰富、讲解细致，适合有一定After Effects软件操作基础的交互动画设计初学者以及相关从业人员阅读，也可作为各大院校相关设计专业的参考教材使用。

图书在版编目 (CIP) 数据

移动互联网之路——APP交互动画设计从入门到精通.After Effects篇 / 李万军 编著 .—北京：清华大学出版社，2016
（2016.12重印）
ISBN 978-7-302-44148-9

Ⅰ .①移… Ⅱ .①李… Ⅲ .①动画制作软件 Ⅳ .① TP391.41

中国版本图书馆 CIP 数据核字 (2016) 第 147626 号

责任编辑：李　磊
封面设计：王　晨
责任校对：曹　阳
责任印制：何　芊

出版发行：清华大学出版社
　　　　网　　　址：http://www.tup.com.cn，http://www.wqbook.com
　　　　地　　　址：北京清华大学学研大厦A座　　　　邮　　编：100084
　　　　社 总 机：010-62770175　　　　　　　　　　邮　　购：010-62786544
　　　　投稿与读者服务：010-62776969，c-service@tup.tsinghua.edu.cn
　　　　质 量 反 馈：010-62772015，zhiliang@tup.tsinghua.edu.cn
印 装 者：三河市春园印刷有限公司
经　　销：全国新华书店
开　　本：190mm×260mm　　　印　　张：19.75　　　字　　数：584千字
　　　　（附DVD光盘1张）
版　　次：2016年10月第1版　　　印　　次：2016年12月第2次印刷
印　　数：2501~4000
定　　价：49.00元

产品编号：070159-01

PREFACE 前言

After Effects CC 是 Adobe 公司推出的视频编辑及特效制作软件，其功能非常强大，应用范围很广，使用 After Effects CC 可以合成和制作电影、广告、演示视频，以及进行栏目包装等。After Effects CC 在目前较为流行的交互动画制作中使用也变得越来越广泛。

After Effects CC 保留了 Adobe 系列软件优秀的兼容性，在其中可以非常方便地导入 Photoshop 文件，并保留图层，还可以高保真地输出交互动画文件。同时由于使用该软件可以实现更多的效果，能够更好地表达出交互设计师所想的效果，也能够很好地将这种效果展现给研发人员，这样会使团队合作更加完美。

本书内容

本书内容通俗易懂，从交互动画设计的基础知识作为切入点，详细讲述如何使用 After Effects CC 制作 APP 交互动画，大部分知识点结合案例的实际操作，使得学习过程不再枯燥乏味。本书内容章节安排如下。

第 1 章 交互动画设计的基础知识，主要介绍交互设计与交互动画、交互动画实现法则、不同领域中的交互动画、交互动画展示，并了解 After Effects 以及其与交互动画设计的联系。

第 2 章 辅助设计软件基础，主要讲解安装软件的系统要求、After Effects CC 的界面以及 After Effects 的基础操作。

第 3 章 使用 After Effects 中的图层与时间轴，主要讲解图层的类型、图层的基本操作、图层的基本属性、图层的混合模式以及时间轴特效的使用。

第 4 章 制作关键帧动画，主要讲解关键帧的概念与基本操作、制作图层属性动画、使用曲线编辑器，以及如何制作 APP 中常用的手势动画。

第 5 章 交互动画制作中蒙版的使用，主要讲解 After Effects CC 中的蒙版创建、修改和设置。

第 6 章 制作文字动画，主要讲解输入文字、设置文字属性、文字的动画属性以及制作文字特效。

第 7 章 色彩校正特效与抠像技术，主要讲解色彩校正特效的应用和抠像技术的应用。

第 8 章 跟踪、稳定、表达式与特效，主要讲解跟踪与稳定的应用、摇摆器的应用、运动草图和表达式的操作，同时介绍 After Effects 中内置的特效和模拟特效。

第 9 章 交互动画的渲染输出，主要讲解什么是渲染动画、渲染工作区、渲染设置以及动画的输出。

本书特点

本书内容丰富、条理清晰，通过 9 章的内容，为读者全面、系统地介绍了交互动画制作的基础知识以及使用 After Effects CC 进行交互动画制作的方法和技巧，采用理论知识和实例相结合的方法，使知识融会贯通。

● 语言通俗易懂，实例图文同步，涉及大量交互动画制作的知识讲解，帮助读者深入了解交互动画。

● 实例涉及面广，几乎涵盖了交互动画制作中大部分的效果，每种效果通过实际操作讲解和具体制作过程帮助读者掌握交互动画制作中的要点。

● 注重交互动画制作中软件操作和案例制作技巧的归纳总结，整个讲解过程中穿插了操作和知识点提示等，使读者更好地学习相关知识。

● 每一个实例的制作过程都配有相应的素材、源文件和视频教程，帮助读者轻松掌握。

本书作者

本书由李万军编著，另外李晓斌、张晓景、解晓丽、孙慧、程雪翮、刘明秀、陈燕、胡丹丹、遆玉婷、刘强、范明、郑竣天、王明、史建华、于海波、孟权国、张国勇、贾勇、邹志连、肖阁、王延楠、林学远、黄尚智、陶玛丽、王大远、尚丹丹、刘明明、张航、张伟等人也参与了部分编写工作。虽然我们在编写过程中力求严谨，但书中难免有不足和疏漏之处，希望广大读者朋友批评指正。

本书配套的 PPT 课件请到 http://www.tupwk.com.cn 下载。

编　者

CONTENTS 目 录

第1章 交互动画设计的基础知识

第2章 辅助设计软件基础知识

第 3 章　使用 After Effects 中的图层与时间轴

第 4 章　制作关键帧动画

第5章　交互动画制作中蒙版的使用

第6章　制作文字动画

第7章　色彩校正特效与抠像技术

第8章 跟踪、稳定、表达式与特效

第9章 交互动画的渲染输出

第1章 交互动画设计的基础知识

本章知识点

- ✓ 交互设计与交互动画
- ✓ 交互动画实现法则
- ✓ 不同领域中的交互动画
- ✓ 交互动画展示
- ✓ After Effects 基础知识
- ✓ After Effects 与交互动画设计

信息时代的特征之一是各种各样的基于软件的产品包围着我们的生活和工作。这种状况导致很多没有接受过专业知识学习的人员也想面对各种各样的交互产品，并对其进行了解与学习。那么什么是交互设计呢？交互设计又被称为互动设计，英文名称为 Interaction Design，缩写 XD。同时交互设计是定义和设计人造系统的行为的设计领域。

1.1 交互设计与交互动画

随着人们逐渐依赖于互联网，越来越多的人使用手机、平板等移动设备访问互联网。这些设备便成为让互联网与人进行交互的媒介，于是手机系统的人机交互体验就变得越来越重要。本章首先对交互设计及交互式动画的基础进行了解，从而为后面的交互动画设计和制作打下良好的基础。

1.1.1 交互设计概述

什么是交互设计？交互设计定义了两个或多个互动的个体之间交流的结构和内容，使之相互配合，共同达成某种目的。这些个体指的是人及其使用的产品和接受的服务。交互设计努力去创造和建立的是人与产品及服务之间的有意义的关系。

从设计师的角度来说，通过交互设计可以让产品更加易用，可以让用户在使用产品的时候更加愉悦，满足用户的目标和用户的期望。交互设计师通过了解"人"本身的心理和行为特点，结合自己的灵感，设计出各种有效的交互方式。

交互设计来源于生活且高于生活。交互设计应该智能化，能够帮助人们分析、思考和简化。如图1-1所示的登录页面中就有智能的判断。

正常页面　　　　　　　　多次输入错误

图 1-1

用户在登录时需要输入校验码，但当前页面并不是让用户每一次都输入校验码，而是只有当该用户在第一次输入错误的情况才让用户输入校验码。网站设置校验码，通常是为了避免机器破解密码，或者人为试出密码，校验码的出现有效杜绝了这种行为。

1.1.2　关于交互动画设计

在各种交互式界面产品中，通常包含大量的动画。好的交互式动画能够带给人更加优越的用户体验，交互设计受到了空前的重视。人们对产品的要求也越来越高，不再仅仅喜欢那些功能齐全、实用、耐用的产品，而是转向了产品给人的心理感觉。用户在追求功能和价格之外的很重要的方面。

提高体验的目的，在于给用户一些舒适的、与众不同的或意料之外的感觉。用户体验的提高使整个操作过程符合人们的基本逻辑，使交互操作过程顺理成章，而良好的体验则是用户在这个流程的操作过程中获得的便利和收获。

交互式动画作为一种提高交互操作可用性的方法，越来越受到重视，国内外各大企业都在自己的产品中默默地加入了交互动画效果，如图 1-2 所示为 Apple iPad 的交互动画效果。

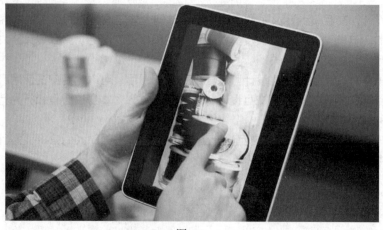

图 1-2

交互式动画是指在播放动画作品时支持时间响应和交互功能的一种动画，就是说动画在播放的过程中可以加入参与者的交互事件，操作者在一定程度上能控制选择动画的过程，使用户由被动的观众变成主动的操作者，用户可根据自己的需求播放声音、操纵对象、获取信息等。

从心理学意义上来划分，界面可以分为感觉和情感两个层次。界面不仅仅只给我们带来视觉、触觉和听觉的感受，还能向我们传递情感，它是一种传递情感的工具。很多人认为交互设计就是界面设计，其实并不是这样的。交互设计通常分为流程交互设计和页面呈现交互设计，界面设计中的交互设计只是交互设计的一部分，它属于页面呈现交互设计，如图 1-3 所示。界面设计和交互设计具有一定的交叉性，界面是静态的，而添加了交互设计的界面则会随着用户的操作动起来。

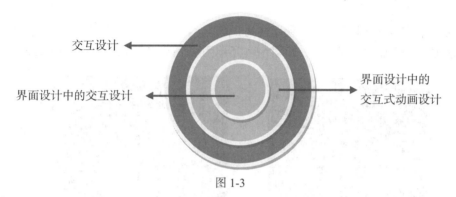

图 1-3

交互式界面设计中加入动画设计，可以很好地满足交互设计发展的趋势，大大提高了界面的易用性。当用户进行了一步操作后，会看到操作的表现。也就是说操作一步，就会得到一步反馈。在产品中加入动画过程，是产品对用户操作进行的合理反馈，其目的在于提高其识别性。

1.2　交互动画实现法则

交互式动画在设计时要遵守两个原则：第一，该产品要有一个完整的理论模式，让用户自身可以对自己的行为进行推理判断，让使用者对自己的行为能够预测。第二是让操作具有可见性，提高操作的可见性，每一步骤后，系统对操作者都有一个反馈，在界面上通过一个变化提示，使得用户了解自己的操作已经有效并起作用。

除了以上两点外，还要考虑如下一些因素。

1.2.1　易用性

易用性的设计要点是让产品的设计尽量符合使用者的习惯和需求，是一种以使用者为中心的设计理念。它希望用户在使用的过程中不会产生压力或感到挫折，并能让其在使用功能时，用最少的努力发挥最大的功效。

易用性原则是需要设计师在进行交换式动画设计时重点考虑的原则。具体需要注意以下几点。

1) 不强迫用户

在设计交互式动画时，需要在适当的位置加入动画效果，不能不考虑用户的感受，随意地添加动画，不能强迫用户在不合适的地方看到动画。

2) 容易识别

加入交互式动画后，整个界面的操作识别性会大幅提高。但是需要注意不要让用户被动画误导，让用户陷入困惑。

3) 符合用户的预期

用户对动画也是有预期的，就像交互方式一样，通常都有通用的和常见的方式，尽量采用人们比较熟悉的方式创建动画。

4) 适用目标人群

动画应该符合自己产品的定位，动画在交互界面上应该起锦上添花的作用，要充分考虑产品适用人群的感受。

以安卓系统的交互式动画为例，其易用性就非常强。容易识别、符合预期、容易操作，动画方式使用也非常舒适，整个过程不显多余，如图 1-4 所示为两个基本操作的交互式动画效果。

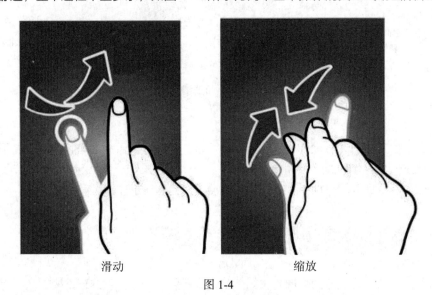

滑动　　　　　　　　　　缩放

图 1-4

这种交互式动画可以很好地融入操作环境中，符合用户的预期。同时还需要注意，行业的不同，交互动画也应该有所区分，就像操作系统一样，针对不同的人群，就要有不同的版本。

1.2.2　有效性

有效性指的是从完成产品策划的活动到达到策划效果的程度。对于交互式动画来说，也就是指交互式动画要达到的结果程度，交互式动画的使用，都有它的目的，有的是为了提高识别性，有的是为了让其操作方式更加便捷。为了实现这些目的，交互式动画过程要尽量简洁，让用户把所有的操作精力都集中在产品的操作上。

具体需要注意以下两点。

- 交互式操作要简洁、直观，不要让用户过多思考。
- 交互式动画前后要有一致性。

对一些功能性的产品来说，有效性尤其重要，例如安卓系统下的支付宝，其客户端的有效性就非常强，用户可以快速找到想要操作的功能，完成任务，如图 1-5 所示。

图 1-5

　　　　整个界面非常简洁，几乎没有任何多余的部分。操作方式和交互行为也有很强的一致性。用户是否能够忠于你的产品，很大程度上取决于产品的有效性。

1.2.3　高效性

　　当设计师为界面加入交互动画时，不应该使产品用起来"更慢"，这就是所谓的高效率。交互式动画应该高效，通过降低少许的性能来大幅度提高可用性是一种很好的方式。要实现整个交互式动画的高效性，要注意以下几点。

　　交互式动画不能明显影响产品的性能。这点非常明确，设计师可以在界面中随意地加入交互动画，前提是不能在加入交互式动画后让产品变得使用效率明显降低。

　　不能让用户感觉使用起来慢。动画如果加入的不合适或加入的过多，在一定程度上会延长整个交互的时间，让使用者整个交互的流程变慢，使得用户的操作效率降低，影响用户的使用体验。如图 1-6 所示是一款手机游戏的交互动画，当用户点击后，就会出现该动画，每次点击都会出现，这就会让用户感觉厌烦，影响体验。

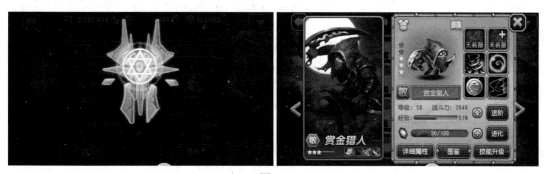

图 1-6

　　虽然现在硬件水平发展很快，但是人们在选择产品的时候，很大程度上还是会考虑到产品的性能，追求产品的性价比。所以说，交互式动画的加入，不应该使产品本身的性能明显降低，至少用户不应该看到性能的降低。同时，合理使用动画是可以让用户感受到产品性能的提高的。

当产品需要进行大量的计算时，通常会需要一定的时间，这时产品如果处于假死状态，给用户感觉会非常不好，如果在此时执行一个小程序，计算一下处理所需要的时间，用户体验感就会大大地提升，最常见的就是当 Windows 系统拷贝文件时的动画效果，如图 1-7 所示。

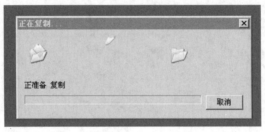

图 1-7

1.2.4 容错性

容错指的是计算机系统并不因为存在故障而失效。对于交互式动画来说，就是让用户对交互式动画有着很好的可控性，会让用户感觉安全放心。要实现交互式动画的容错性，需要注意以下几点。

宽容用户的错误。如果操作过后的一个交互式动画比较长，可以允许用户选择跳过或者取消，同时也应该为用户留有返回的入口。

在设计上尽量减少用户操作错误的几率。交互式动画对容错性的处理有着先天的优势。交互式动画本身就是一个过程，可以使用户随时选择"后悔"，如图 1-8 所示，在执行下载交互式动画时，用户可以随时选择"暂停"和"取消"下载。

图 1-8

在很多计算过程中，用户来不及反应以及做修改处理。加入交互式动画，在很多情况下可以解决这个问题，让使用者对过程更有可控性。同时交互式动画可以用来提示用户，让用户少犯或者不犯错误。

提示　　在界面设计中，动的元素通常最能引起人的注意，在交互操作中，特别需要用户注意的地方，都可以通过交互式动画来表现，在吸引用户注意力的同时，减少用户犯错的几率。

1.3　不同领域中的交互动画

交互式动画在多媒体中的运用起步很早，随着交互式动画应用的快速发展，交互式动画已经进入到各个领域的界面设计，接下来针对网页设计和软件界面设计中交互式动画的运用进行介绍。

1.3.1　网页设计中的交互动画

　　网页中的交互动画基本都是通过 HTML、CSS 和 JavaScript 制作完成的。如果动画体积很小，可以很快地下载供用户浏览，那这种动画就比较成功。如果动画体积很大，在网页已经打开的情况下，需要延迟一段时间才能播放，那就要考虑为动画添加预载效果了。目前的网站制作技术比较成熟，网页中的动画通常不会出现延迟的效果，如图 1-9 所示。

图 1-9

　　但不排除有较大的交互式动画，在动画下载完成前，用户是不能操作的，这个时候用户要做的就是等待，又没有任何提示信息，多半浏览者可能都要离开这个网站。如果我们使用一段交互式动画提示用户下载的进度，那么就会很好地留着用户。

1.3.2　软件界面中的交互动画

　　现在网络发展迅速，推动了移动端产品的开发。交互式动画也被广泛地应用到各类软件界面中。

　　腾讯公司开发的 QQ 软件，就很好地应用了多项交互式动画效果，QQ 的登录界面如图 1-10 所示。用户在选择登录用户时，当鼠标指针从上向下滑动选择时，选中的用户图像变大，未选中的则会变小，形成了一个自然的渐变效果。

图 1-10

　　当用户在好友面板和群面板进行切换时，会出现滑动的效果，如图 1-11 所示。好友面板会向左滑动，滑出显示范围，而群面板会慢慢划入显示区域，慢慢取代好友面板的位置。当用户想要进入课堂栏目时，由于页面需要一定的时间加载，就会在页面中显示"正在加载页面，请稍后"的提示，如

图 1-12 所示。

图 1-11   图 1-12

这两个动画都是在选项切换过程中使用的，使得用户在切换内容的时候程序出现一个短暂的过程，可以让用户更加清晰地知道切换时间，从而让用户操作做到心中有数，增强软件的易用性。

交互式动画已经渗入了很多软件产品。这些交互式动画的合理运用，一方面可以使节目更加华丽、炫目，另一方面它能起到很好的提示作用。让产品的可用性可以得到很大的提高。可以这么说，在条件允许的情况下，交互式动画是必需的。

在为界面加入交互式动画设计时，要多关注交互式动画的易用性、有效性、高效性和容错性。

1.4   交互动画展示

在实际工作中，通常在开发一款新的产品前，需要先将整个产品的内容通过文字和图片的形式展现出来，供客户观看以及程序人员开发。作为产品的重要组成部分的交互式动画一般很难展示出来，口头表达也很难讲得清楚，常常会出现误解，影响整个产品的开发进度。

为了避免这种情况的发生，设计师可以在产品文字策划编写的同时，制作产品的页面及交互式动画效果，清晰而准确地描述最终产品的效果。当然这些效果都是一种展示，不具备任何功能，只是将策划中的一些方案逼真地呈现出来而已。

目前比较常用的制作交互式动画展示的软件有 Flash 和 After Effects。本书中将主要介绍 After Effects CC 制作交互式动画效果的方法和技巧。

1.5   After Effects 基础知识

After Effects 简称 AE，是 Adobe 公司开发的一个视频剪辑及后期处理软件，目前的最新版本是 After Effects CC。After Effects 是制作动态影像设计不可或缺的辅助工具，是视频后期合成处理的专业非线性编辑软件。After Effects 应用范围广泛，涵盖视频短片、电影、广告、多媒体以及网页等。如图 1-13 所示为 After Effects CC 的启动界面。

图 1-13

After Effects 支持无限多个图层，它能够直接导入 Illustrator 和 Photoshop 文件。After Effects 也有多种插件，其中包括 Meta Tool Final Effect，它能够提供虚拟移动图像以及多种类型的粒子系统，用它还能够创造出独特的迷幻效果。

引入 Photoshop 中的图层，使得 After Effects 可以对多层的合成图像进行控制，制作出天衣无缝的合成效果。关键帧、路径的引入，对控制高级的二维动画来说是一个很效的解决途径。高效的视频处理系统，也确保了高质量视频的输出。

After Effects 作为一款影视后期处理软件，最终生成的视频文件是需要放在指定的设备中进行播放的，在学习 After Effects 之前，还需要了解视频的相关术语。

1.5.1　了解视频的相关术语

1) 位图

位图也称为点阵图，它是由像素组成的，位图图像可以表现丰富的色彩变化并产生逼真的效果，很容易在不同软件之间交换使用，但因为它在保存图像时需要记录每一个像素的色彩信息，所以占用的存储空间较大，而且在进行旋转或缩放时会产生锯齿，如图 1-14 所示。

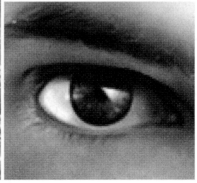

图 1-14

2) 矢量图

矢量图又称为向量图，是一种基于数学方法的绘图方式。用矢量方式记录图形的文件所占用的存储空间很小，所以在进行旋转、缩放等操作时，可以保持对象光滑无锯齿，如图 1-15 所示。但矢量图不易制作色彩变化丰富的图像，并且绘制出来的图像也不是很逼真，同时也不易在不同的软件中做交换使用，在 After Effects 中支持矢量图形。

图 1-15

3) 素材

素材指的是一个视频项目或电影中的原始素材，它们可以是一幅静止的图像、一段音乐或者是一段影片，也可以称为剪辑。

4) 帧

帧也可以称为画面，是电影、影像和数字电影中的基本信息片刻单元。在北美地区，标准视频剪辑是以 30 帧 / 秒的速度进行播放的，而欧洲国家则以 29.97 帧 / 秒的速度进行播放。

5) 关键帧

关键帧指视频过程中的关键画面或者主要画面，关键帧之间的部分可以称为中间帧。

6) 动画

动画是指把静止的图像按特定的顺序排列，然后使用非常快的连续镜头依次变换静态图像，就可以让静态图像看起来像是运动的，也可以将动画称为运动图像。

7) 位深

在计算机中，位是信息存储的最基本单位，用于描述物体的位使用得越多，其要描述的细节就越多。位深表示设置的位的数值，其作用是介绍一个像素的色彩。位深越高，图像包括的色彩就越多，就可以产生更精确的色彩和质量较高的图像。例如，一幅 8 位色的图像可以显示 256 色，一幅 24 位色的图像可以显示大约 1600 万色。

在编辑数字视频的过程中，要存储、移动和计算大量的数据。许多个人计算机，特别是运算速度慢的计算机，往往不能处理大的视频文件或者那些没有经过压缩的数字视频文件。这就需要使用压缩方式来降低数字视频的数据速率到一个用户计算机系统可以处理的范围。当捕捉源视频、预览编辑、播放时间线 (Timeline) 和输出时间线 (Timeline) 时，压缩设置是很有作用的。

8) 镜头

在实拍的电影中，镜头是用于拍摄电影片段的摄像机的一个视点。在 After Effects 中，可以对镜头做同样的理解，用户可以创建同一镜头的多个不同版本，并把所有的镜头保存在一个项目文件中，也可以称为分镜头。

9) 压缩

压缩是用于重组或删除数据以减小剪辑文件尺寸的特殊方法。如需要压缩影像，可以在第一次获取影像到计算机时进行，或者在 After Effects 中进行编译时再压缩。压缩分为暂时压缩、无损压缩和有损压缩。

10) 项目

After Effects 项目就是一个作品文件，它包含作品中所需要的全部图像、视频和音频文件的引用。引用是指向硬盘上的文件位置的指针。After Effects 使用引用而不把图像、视频和音频文件复制到项目文件中。项目知道在哪里找到需要的文件，因为 After Effects 会自动创建每个文件的引用作为项目设置过程的一部分，这样可以节省大量的磁盘空间。

11) 合成

合成是一个把图像、电影素材、动画、文本或者声音等多种原始素材合并在一起的过程。和 Photoshop 类似，After Effects 使用图层来创建合成，合成可以简单到只用两个图层，也可以复杂到使用上百个图层。After Effects 具有很强大的合成功能，可以使用 Alpha 通道创建复杂的遮罩。

After Effects 可以帮助用户高效、精确地创建精彩的动态图形和视觉效果。After Effects 在各个方面都具有优秀的性能，不仅能够广泛支持各种动画的文件格式，还具有优秀的跨平台能力。After Effects 作为一款专业的视频特效处理软件，经过不断发展，在众多影视后期软件中已经独占鳌头。

1.5.2　了解 After Effects

Adobe 公司最新推出的 After Effects CC 后期特效制作软件受到视频影像爱好者和广播电视从业人员的青睐和欢迎，虽然影视制作软件对计算机硬件要求很高，然而随着计算机硬件技术，尤其是处理器和图像 / 视频设备的飞速发展，性能大幅度提高的同时硬件价格越来越平易近人，促进了影像技术进入更多电脑爱好者的视野。Adobe After Effects CC 软件使用行业标准工具创建动态图形和视觉效果，无论用户身处广播电视、电影行业，还是为在线移动设备处理作品，Adobe After Effects CC 软件都可以帮助设计者创建出震撼的动态图形和出众的视觉效果。After Effects CC 的宣传效果如图 1-16 所示。

图 1-16

Adobe After Effects 是影视后期合成与特效制作领域的标准，也是影视合成人员必须掌握的软件之一。影视爱好者利用该软件能够快速而精确地创建动态图形和视觉效果。利用与其他 Adobe 软件的紧密集成和高度灵活的 2D 和 3D 合成，以及数百种软件内置的效果和动画，After Effects 可为电影、视频、DVD 和 Flash 动画作品增添令人耳目一新的效果。

1.5.3　After Effects 的应用领域

随着社会的进步和科技的发展，电视、计算机、网络、移动多媒体等媒体设备在人们生活中越来越广泛地普及。每天我们都通过不同的媒体观看了解精彩的新闻时事、生活资讯和娱乐节目，这已经成为我们生活中不可缺少的一部分。正因为有了这些载体，影视后期处理的发展也越来越快，影视后期处理软件的应用领域也越来越广泛。

▶ 1. 电影特效

自从 20 世纪 60 年代以来，随着电影中逐渐运用了计算机技术，一个全新的电影世界展现在人们面前，这也是一次电影的革命。越来越多的计算机制作的图像被运用到电影作品中，其视觉效果的魅力有时大大超过了电影故事本身。电影的另一个特性便是作为一种视觉传媒而存在的。

在最初由部分使用计算机特效的电影作品向全部由计算机制作的电影作品转变的过程中，人们已经看到了其在视觉冲击力上的不同与震撼。如今，已经很难发现在一部电影中没有任何计算机特效元素的存在。它也给了导演们灵活多变的讲述故事的方式，然而在制作上当然不是那么简单的事情，但是从另一方面考虑，人们对如何恰当地应用该技术还存在着一定的局限性。由于计算机所制作的画面具有一定的优势，先前的一些在视觉效果制作上的想法将能在计算机的帮助下得以实现。而且，那些耗时耗力的震撼人心的精彩镜头也可以通过计算机来制作，且成本降低，使得演职人员也更加安全。电影中的计算机技术还可以在先期的制作阶段为导演们提供更加形象的电影前期预览，使得他们对整部电影的走向及制作过程有个总体印象以及可操纵性。如图 1-17 所示为 After Effects 在电影特效方面的应用。

图 1-17

▶ 2. 影视动画

影视后期特效在影视动画中的应用是有目共睹的，没有后期特效的支持，就没有影视动画的存在。在如今靠视听特效来吸引观众眼球的动画片中，无处不存在影视后期特效的身影。可以说，每部影视动画都是一次后期特效视听盛宴。如图 1-18 所示为 After Effects 在影视动画特效方面的应用。

图 1-18

▶ 3. 电视栏目及频道片头

　　在信息化时代，影视广告是传播产品信息的首选，同时也是企业树立形象的重要手段。运用数十秒的时间将企业、产品、创意、艺术有机地结合在一起，可以达到图、文、声并茂的特点，传播范围广，也易被大众接受，这是平面媒体所无法取代的。涵盖电视栏目包装、频道包装和企业形象包装等功能的后期特效已经越来越多地为市场所接受。

　　宣传包装节目主要分为两大类：一类是形象宣传片，多用丰富的色彩、变幻无穷的特技；另一类是导视类宣传栏目，主要是由收视指南，下周荧屏介绍、栏目动态等构成。如图 1-19 所示为 After Effects 在电视栏目及频道片头方面的应用。

图 1-19

▶ 4. 城市形象宣传片

　　城市形象就是一座城市的无形资产，是一个城市综合竞争力不可或缺的要素。影视后期特效合成在城市形象宣传片中的应用，在树立良好的城市形象、有力提升城市品位、激发城市可持续发展的能力等方面发挥了重要作用。如图 1-20 所示为 After Effects 在城市形象宣传片方面的应用。

图 1-20

▶5. 楼盘建筑宣传片

在进行建筑设计之前，一般都需要进行缜密的规划和适当的宣传。因此，制作虚拟的楼盘建筑效果图作为一个行业便应运而生，在做楼盘建筑规划的宣传视频时自然少不了炫目的特效合成。如图 1-21 所示为 After Effects 在楼盘建筑宣传片方面的应用。

图 1-21

▶6. 产品宣传广告

产品宣传广告主要是针对产品制作的动态影视特效，一般用在公众电视媒体、电视传媒、网络媒体等方面。产品宣传广告如同一张产品名片，其图、文、声并茂，使人一目了然，无须向客户展示大段的文字说明，也避免了反复枯燥无味的介绍。如图 1-22 所示为 After Effects 在产品宣传广告方面的应用。

▶7. 企业宣传片

相对于静止的画面来说，人们当然喜欢动态的影像作品，因而现在越来越多的企业希望自己的企业或者产品宣传动起来。用数码摄像机拍摄，然后使用后期软件合成，制作成光盘，或者通过网络等各种渠道将动态视频影像传播出去，这种方式效果好，成本低。

将实拍视频、解说、字幕、动画等技术结合起来，具有强大的表现力和感染力。从前期策划、脚本创作、拍摄、剪辑、配音、配乐，到后期光盘压制等全方位的影像动画制作服务已经是大多数影视广告公司的制胜法宝。此类专题片有企业形象介绍、公司品牌推广、产品品牌宣传、纪录片等。如图 1-23 所示为 After Effects 在企业宣传方面的应用。

图 1-22

图 1-23

▶ 8. 专题活动宣传

专题活动宣传通常制作成纪录短片，例如介绍、采访、活动宣传、音乐会、会议记录等。在拍摄完成后进行剪辑、合成，制作成专题影片。如图 1-24 所示为 After Effects 在专题活动宣传方面的应用。

图 1-24

▶ 9. 交互动画制作

随着技术的发展，交互动画的制作要求变得更加高规格，相对于动画效果的要求也不再只是简简单单的切换图片。交互设计师为了满足广大用户群体的需求，逐渐由原本的使用 Flash 软件制作交互动画转向使用 After Effects 制作交互动画，After Effects 制作出的动画更加完美，更能够表现出设计师的设计理念，与此同时还可以实现一些 Flash 无法实现的特效效果，这样在设计师与开发人员的沟通合作上变得更加便捷。从整体上看，更能够充分地满足广大用户群体的需求。如图 1-25 所示为 After Effects 在交互动画制作方面的应用。

图 1-25

1.6　After Effects 与交互动画设计

提到 After Effects，使用过它的用户首先想到的是 After Effects 是一款非常不错的影视剪辑软件，与此同时，它适用于电影、电视等多媒体的影视剪辑，有时被用于一些企业制作自己的产品或者文化宣传片，或被用于一些专题活动的宣传片制作中。而提到交互设计，首先让人想到的是目前使用比较广泛的手机 APP 的交互设计，一般倾向于平面化。随着技术水平的提高，以及用户需求的提高，设计师们将 After Effects 与交互设计结合，将原本单一的画面变得生动起来，同时 After Effects 中的一些特效也会帮助交互设计师很好地将自己的设计思路传递给实现最终效果的开发人员。这样大大提高了工作效率以及团队之间的默契，使得交互设计的人机交互效果更加完善，更能达到用户的需求。

1.6.1　常见的交互动画效果

经过前面的学习了解到，交互设计指的是设计人和产品或服务互动的一种机制。以用户体验为基础，进行人机交互设计时要考虑用户的背景、使用经验以及在操作过程中的感受，从而设计符合最终用户需求的产品。

交互设计的目的是使产品能够让用户应用起来简单便捷，同时任何产品功能的实现都是使用人机交互来完成的。

交互动画效果的制作可以让交互设计师更清晰地阐述自己的设计理念，同时帮助程序管理人员和研发人员在评审中解决视觉上的问题。交互动画具有缜密清晰的逻辑思维，可配合研发人员更好地实现效果，并帮助程序管理人员更好地完善产品。使用 After Effects 制作的交互动画可以高保真地帮助设计师完成想要的效果，赋予产品活力。

在进行交互动画的制作之前，首先要了解的是交互动画在 APP 中常见的效果。APP 中常见的交互动画效果并不复杂，可以简单分为通过单击和滑动实现的四种，分别为位移、旋转、变换和擦除。如图 1-26 所示为 4 种效果示意图。

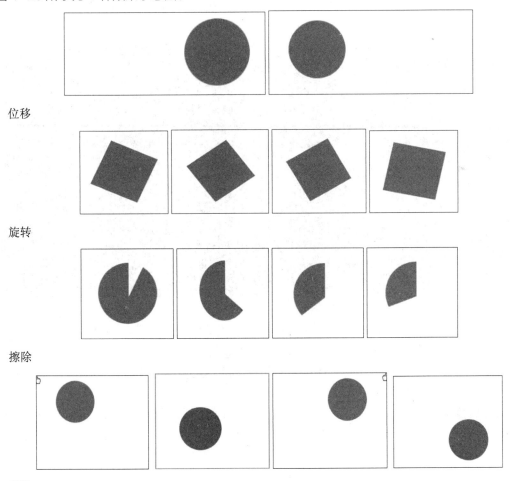

位移

旋转

擦除

变换

图 1-26

实例 1　制作简单的位移效果交互动画

教学视频：视频 \ 第 1 章 \1-6-1.mp4　　　源文件：源文件 \ 第 1 章 \1-6-1.aep

实例分析：

　　本实例实现的是常见的交互效果中的位移效果。通过前面对 After Effects 的初步了解，再通过本实例的制作，可对交互设计和 After Effects 进行初步的掌握。

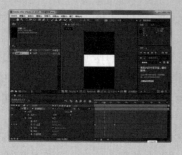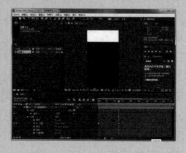

01 ☑　启动 After Effects 软件，如图 1-27 所示。执行"合成 > 新建合成"命令，在弹出的"合成设置"对话框中进行设置，如图 1-28 所示。

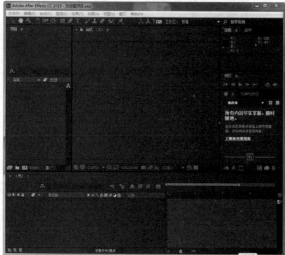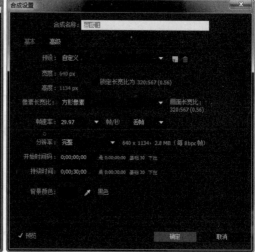

图 1-27　　　　　　　　　　　　　　　　图 1-28

02 ☑　使用"矩形工具"在"合成"窗口中绘制一个填充为白色、描边为无的矩形，如图 1-29 所示。在"时间轴"面板中单击"变换"属性前的三角按钮，如图 1-30 所示。

03 ☑　单击"位置"选项前的"自动添加关键帧"按钮，如图 1-31 所示。将时间线拖动到第 5s 的位置，设置"位置"选项参数，如图 1-32 所示。

04 ☑　完成位置的移动设置，观看"合成"窗口中的效果，如图 1-33 所示。单击空格键，预览动画效果，如图 1-34 所示。

图 1-29　　　　　　　　　　　　　　　　　图 1-30

图 1-31

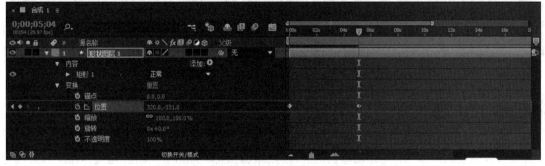

图 1-32

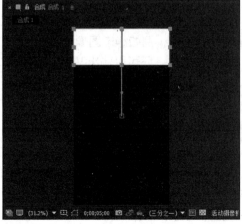

图 1-33

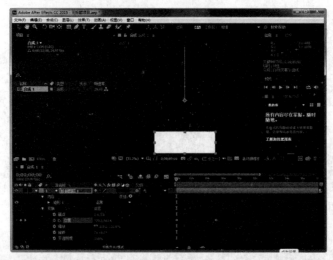

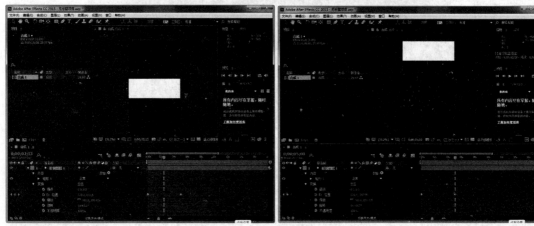

图 1-34

1.6.2　保存与格式的输出

　　完成交互动画的制作后，可以将项目进行保存，默认的保存格式为 .aep 格式，保存源文件时，可以同时保存 After Effects 当时所有面板的状态，例如面板位置、大小和参数，便于以后进行修改。

　　虽然按键盘上的空格键可以预览交互动画设计效果，但是预览只是在 After Effects 中查看效果，并不会生成最终的动画文件，最后还需要将动画输出，生成一个可以单独播放的最终动画效果。After Effects 可以输出的动画格式有很多，例如静态图像素材 JPG、TIF 等格式的文件，也可以输出像 AVI、QuickTime 等视频格式的文件，还可以输出 WAV 音频格式的文件。常见的交互动画输出格式为 QuickTime。再将 QuickTime 导入到 Photoshop 中生成 GIF 格式。

1.7　本章小结

　　本章主要向读者讲述了交互设计与交互式动画、交互式动画实现法则、不同领域中的交互式动画，然后介绍人们所熟悉的影视剪辑软件，以及使用该软件制作交互式动画的方法。最后通过简单的实例操作，对软件操作有初步的了解，为日后的学习打下基础。

1.8　课后练习

通过本章的学习，已经对交互动画设计概念的基础以及辅助软件 After Effects 有所了解，接下来完成课后练习旋转动画效果的制作，以进一步熟悉软件，为日后的交互动画制作打下基础。

实战　制作简单的旋转动画

教学视频：视频 \ 第 1 章 \1-8.mp4　　　源文件：源文件 \ 第 1 章 \1-8.aep

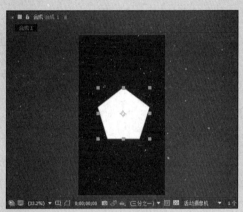

01 ❤ 启动 After Effects，新建合成，并在"合成设置"对话框中设置相应的参数。

02 ❤ 使用"多边形工具"在"合成"窗口中绘制一个多边形。

03 ❤ 在"时间轴"面板中单击"变换"属性"旋转"选项前的"自动添加关键帧"按钮 ⏱，设置相应的参数。

04 ❤ 将时间线拖到第 5s 的位置，继续调整"旋转"选项中的参数。

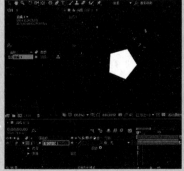

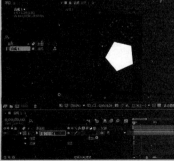

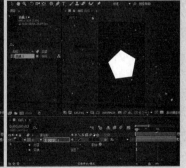

05 ❤ 完成设置，按键盘上的空格键，预览效果。

第2章 辅助设计软件基础知识

本章知识点
- ✓ 安装软件的系统要求
- ✓ After Effects CC 界面介绍
- ✓ After Effects CC 的基础操作

After Effects CC 是 Adobe 公司新推出的一款后期效果制作软件。随着计算机技术水平的提高，After Effects 不再仅仅只局限于影视和后期效果的制作，其在不同的行业应用广泛，由于其自身具有的特效能够给用户带来想要的效果，并且输出文件具有高保真的特性，在目前的交互动画制作行业广泛被使用，虽然 After Effects 不能输出 GIF 格式的动画，但是将其与 Photoshop 结合，最终可以输出满足交互设计师的交互动画。

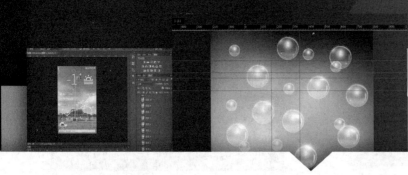

2.1 安装软件的系统要求

在第 1 章中已经简单介绍了 After Effects，本节对 After Effects 安装的系统要求进行介绍，以便于辅助交互设计效果的实现。接下来主要对 Windows 操作系统和 Mac OS 操作系统下的安装要求进行详细介绍，如表 2-1 和表 2-2 所示。

表 2-1 Windows 操作系统要求

CPU	Inter Core 2 Duo 或 AMD Phenom II 处理器，需要 64 位系统支持
操作系统	64 位的 Windows 7，需要安装 SP1 补丁
内存	4GB 内存（推荐 8GB 以上）
硬盘空间	3GB 硬盘空间，安装的时候另需额外空间（不能安装在可移除的闪存设备上），10GB 以上用来缓存的硬盘空间
显示器	支持 1280×900 像素及以上分辨率的显示器，支持 OpenGL 2.0 的系统
光驱	DVD 光驱
显卡	为了配合 GPU 加速的光线追踪 3D 渲染器，可以选择 Adobe 认证的显卡
软件	为了支持 QuickTime 功能，需要安装 QuickTime 7.6.6 软件
激活	需要宽带连接并且注册认证，不支持电话激活

表 2-2　Mac OS 操作系统要求

CPU	支持 64 位系统的多核英特尔处理器
操作系统	Mac OSXv10.6.8 或 v10.7
内存	4GB 内存（推荐 8GB 以上）
硬盘空间	4GB 硬盘空间，安装的时候另需额外空间（不能安装在可移除的闪存设备上），10GB 以上用来缓存的硬盘空间
显示器	支持 1280×900 像素及以上分辨率的显示器，支持 OpenGL 2.0 的系统
光驱	DVD 光驱
显卡	为了配合 GPU 加速的光线追踪 3D 渲染器，可以选择 Adobe 认证的显卡
软件	为了支持 QuickTime 功能，需要安装 QuickTime 7.6.6 软件
激活	需要宽带连接并且注册认证，不支持电话激活

实例 2

安装并启动 After Effects CC

教学视频：视频 \ 第 2 章 \2-1.mp4　　源文件：无

实例分析：
　　了解了 After Effects CC 的安装要求后，接下来开始安装软件。After Effects CC 的安装界面很直观，用户可以轻松地按照界面的提示一步步进行操作。

01 　　首先下载好 Adobe 公司的 Adobe Creative Cloud 软件，打开此软件注册 Adobe ID，登录后如图 2-1 所示。找到 After Effects CC 最新版本，鼠标单击"试用"按钮，进行软件下载，如图 2-2 所示。

图 2-1　　　　　　　　　　图 2-2

02 软件下载完成后会自动解压，无须我们找到安装包手动解压，如图 2-3 所示。当下载的软件解压完成过后，Adobe Creative Cloud 会继续帮助用户安装 After Effects CC 软件，如图 2-4 所示。

图 2-3　　　　　　　　　　　　　　　图 2-4

03 在安装过程中，如果有其他 Adobe 公司的产品正在运行，将无法进行安装，弹出提示窗口，如图 2-5 所示。安装完成时，在 Adobe Creative Cloud 软件内会显示所安装的软件是否是最新版本，是否需要更新，如图 2-6 所示。

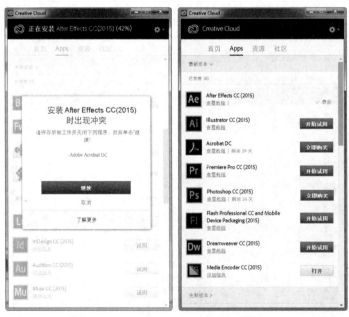

图 2-5　　　　　　　　　　　　　　　图 2-6

04 软件安装结束后，After Effects CC 会自动在 Windows "开始"菜单中添加一个快捷方式，如图 2-7 所示。双击 After Effects CC，弹出 After Effects CC 启动界面，如图 2-8 所示。

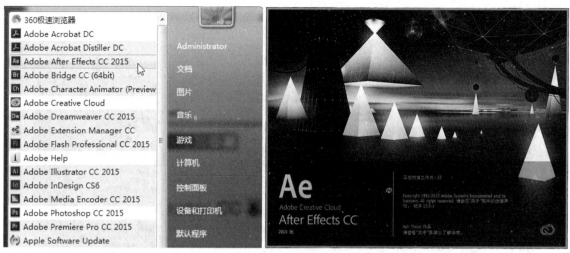

<table>
<tr><td>图 2-7</td><td>图 2-8</td></tr>
</table>

05 稍等片刻，弹出 After Effects CC 的初始界面，新建文档后即可开始绘制图形（初次启动软件时会出现"新增功能"对话框，勾选"不再显示"复选框，再次启动时就不会再出现"新增功能"对话框），如图 2-9 所示。通过执行"文件 > 退出"命令可以退出软件的操作界面，如图 2-10 所示。

<table>
<tr><td>图 2-9</td><td>图 2-10</td></tr>
</table>

2.2　After Effects CC 界面介绍

　　在使用 After Effects 进行交互动画制作之前，不仅要了解交互设计的理念，还要掌握主要软件的使用，After Effects CC 就是现代交互动画制作的主流软件之一，本节要对其工作界面进行初步了解。

　　After Effects CC 的工作界面越来越人性化，将界面中的各个窗口和面板合并在一起，不是单独的浮动状态，这样在操作时免去了拖来拖去的麻烦。启动 After Effects CC，既可看到全新的 After Effects CC 工作界面，如图 2-11 所示。

菜单栏　　　　　　　　　　　　　　工具栏　　　　　　　　　浮动面板

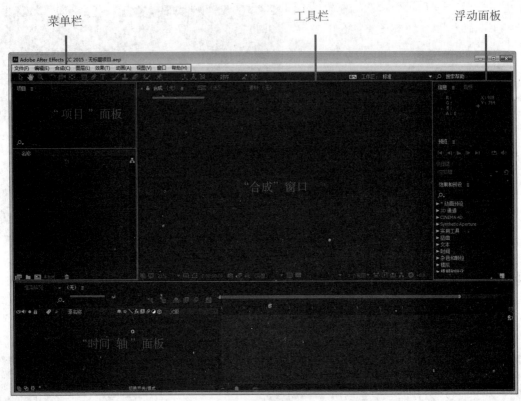

图 2-11

菜单栏：在 After Effects CC 中，根据功能和使用目的将菜单命令分为 9 类，每个菜单项中包含多个子菜单命令。

工具栏：工具栏中包含了 After Effects CC 中的各种常用工具，所有工具均是针对"合成"窗口进行操作的。

"项目"面板：该面板位于工作界面的左上角，用来管理项目中的所有素材和合成，在"项目"面板中，可以很方便地进行导入、删除和编辑素材等相关操作。

"合成"窗口："合成"窗口是动画效果的预览区，能够直观地观察要处理的素材文件的显示效果，如果要在该窗口中显示画面，首先需要将素材添加到时间轴中，并将时间滑块移动到当前素材的有效帧内。

浮动面板：显示了 After Effects CC 中常用的面板，用于配合动画效果的处理制作，可以通过在窗口菜单中执行相应的命令，在工作界面中显示或隐藏相应的面板。

"时间轴"面板：该面板是 After Effects 工作界面中非常重要的组成部分，它是进行素材组织的主要操作区域，主要用于管理层的顺序和设置动画关键帧。

2.2.1　如何切换工作区

After Effects 中有多种工作区，其中包括标准、所有面板、效果、浮动面板、简约、动画、文本、绘画和运动跟踪等工作区。不同的界面适合不同的工作需求，使用起来更加方便和快捷。

如果需要切换 After Effects CC 的工作区，可以执行"窗口 > 工作区"命令，在该命令的下级菜单中选择相应的命令，即可切换到对应的工作区，如图 2-12 所示。或者在工具栏上的"工作区"下拉列表中选择相应的选项，同样可以切换到对应的工作区，如图 2-13 所示。

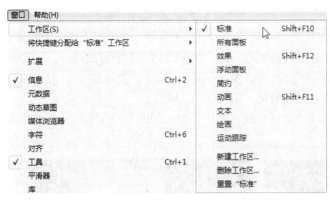

图 2-12　　　　　　　　　　　　　　　　　　　图 2-13

2.2.2　工具栏的使用

执行"窗口 > 工具"命令，或者按快捷键 Ctrl+1，可以在工作界面中显示或隐藏工具栏。工具栏中包含了常用的编辑工具，使用这些工具可以在"合成"窗口中对素材进行编辑操作，如移动、缩放、旋转、绘制图形和输入文字等，After Effects CC 中的工具栏如图 2-14 所示。

图 2-14

2.2.3　"项目"面板

"项目"面板主要用于组织、管理项目中所使用的素材。动画制作所使用的素材都要首先导入到"项目"面板中，在该面板中可以对素材进行预览，"项目"面板如图 2-15 所示。

单击"项目"面板右上角的向下三角按钮，可以弹出"项目"面板菜单，在菜单中选择相应的选项，可以进行相应的操作，如图 2-16 所示。

图 2-15　　　　　　　　　　　图 2-16

2.2.4 "合成"窗口

"合成"窗口是动画效果的预览区，在进行动画项目的安排时，它是最重要的窗口，在该窗口中可以预览到编辑时每一帧的效果。如果要在"合成"窗口中显示画面，首先需要将素材添加到时间线上，并将时间滑块移动到当前素材的有效帧内才可以显示，如图 2-17 所示。

单击"合成"窗口右上角的按钮，可以弹出"合成"面板菜单，如图 2-18 所示。在该菜单中选择相应的选项，可以进行相应的操作。

图 2-17　　　　　　　　　　　　　　　　　　图 2-18

2.2.5 "时间轴"面板

"时间轴"面板是 After Effects 工作界面的核心组成部分，动画编辑工作的大部分操作都是在该面板中进行的，它是进行素材组织和主要操作的区域。当添加不同的素材后，将产生多层效果，然后通过层的控制来完成动画的制作，如图 2-19 所示。

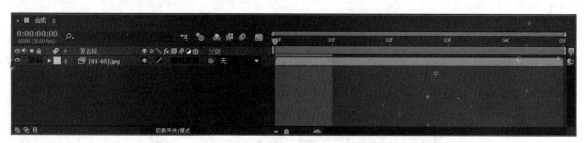

图 2-19

单击"时间轴"面板右上角的按钮，可弹出"时间轴"菜单，如图 2-20 所示。在菜单中选择相应的选项，可以进行相应的操作。

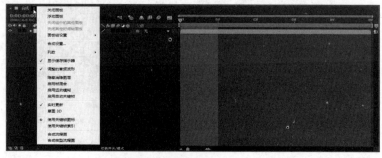

图 2-20

2.2.6　使用菜单栏

在 After Effects CC 中，根据功能和使用目的将菜单命令分为 9 类，每个菜单项中包含多个子菜单命令。"文件"菜单中包含新建、打开项目、打开最近的文件、在 Bridge 中浏览等相应的命令。执行不同的命令可实现相应的效果，如图 2-21 所示。

图 2-21

在"编辑"菜单中，包含撤销、重做、历史记录、剪切、复制、带属性链接复制和带相对属性链接复制等命令，如图 2-22 所示。

图 2-22

在"合成"菜单中，包含新建合成、合成设置、设置海报时间、将合成裁剪到工作区和裁剪合成到目标区域等命令，如图 2-23 所示。

图 2-23

在"图层"菜单中，包含新建、图层设置、打开图层、打开图层源、蒙版、蒙版和形状路径等相应的命令，如图 2-24 所示。

图 2-24

在"效果"菜单中，包含效果控件、全部移动、3D 通道、CINEMA 4D 和表达式控制等命令，如图 2-25 所示。

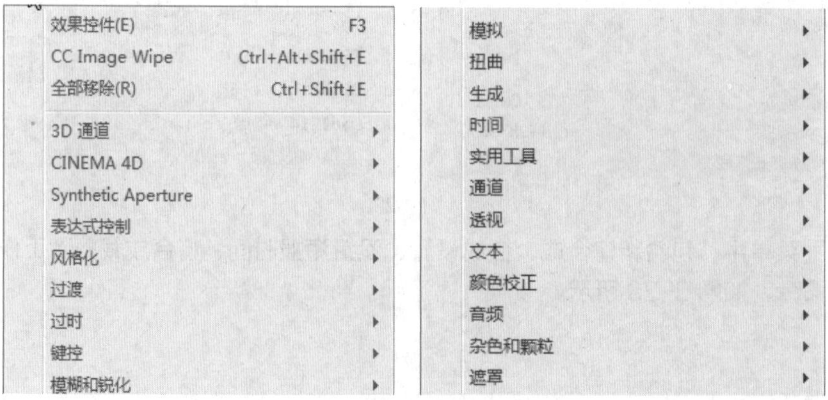

图 2-25

在"动画"菜单中，包含保存动画预设、将动画预设应用于、最近动画预设、浏览预设、添加关键帧和切换定格关键帧等命令，如图 2-26 所示。

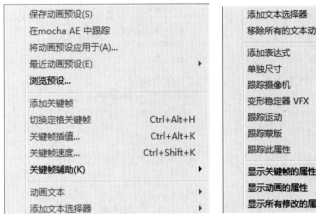

图 2-26

在"视图"菜单中，包含新建查看器、放大、缩小、分辨率和显示标尺等命令，如图 2-27 所示。

图 2-27

在"窗口"菜单中，包含工作区、将快捷键分配给"标准"工作区、扩展、信息、元数据等命令，如图 2-28 所示。

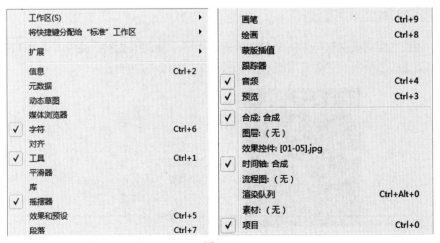

图 2-28

在"帮助"菜单中，包含关于 After Effects、After Effects 帮助、脚本帮助和表达式引用等命令，如图 2-29 所示。

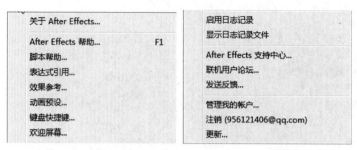

图 2-29

2.2.7 "信息"面板

"信息"面板主要用来显示素材的相关信息，在"信息"面板的上部，主要显示如 RGB 值、Alpha 通道值、鼠标在"合成"窗口的坐标位置；在"信息"面板的下部，根据选择素材的不同，主要显示素材的名称、位置、持续时间和出入点等信息。

执行"窗口 > 信息"命令，或按快捷键 Ctrl+2，可以打开或关闭"信息"面板，如图 2-30 所示。"信息"面板的面板菜单如图 2-31 所示。

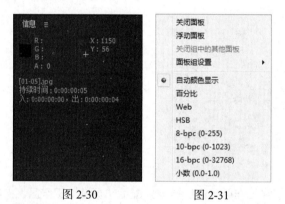

图 2-30   图 2-31

2.2.8 "对齐"面板

"对齐"面板主要对素材进行对齐与分布处理。执行"窗口 > 对齐"命令，可以打开或关闭"对齐"面板，如图 2-32 所示。"对齐"面板的面板菜单如图 2-33 所示。

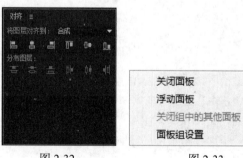

图 2-32   图 2-33

2.2.9　"音频"面板

在"音频"面板中,可以对项目中的音频素材进行控制,实现对音频素材的编辑,执行"窗口>音频"命令,或按快捷键 Ctrl+4,可以打开或者关闭"音频"面板,如图 2-34 所示。"音频"面板的面板菜单如图 2-35 所示。

图 2-34　　　　　　　　　　　图 2-35

2.2.10　"预览"面板

"预览"面板主要对合成内容进行预览操作,并且可以控制素材的播放与停止,还可以进行预览的相关设置。

执行"窗口>预览"命令,或按快捷键 Ctrl+3,可以打开或关闭"预览"面板,如图 2-36 所示。"预览"面板的面板菜单如图 2-37 所示。

图 2-36　　　　　　　　　　　图 2-37

2.2.11　"效果和预设"面板

"效果和预设"面板中包含了动画预设、3D 通道、实用工具、扭曲、文本、时间、杂色和颗粒等多种特效,是进行动画编辑的重要部分,主要针对时间线上的素材进行特效处理。一般常见的特效都是使用"效果和预设"面板中的特效来完成的,如图 2-38 所示。"效果和预设"面板的面板菜单如图 2-39 所示。

图 2-38　　　　　　　　　　　　　　　　图 2-39

2.2.12 "图层"面板

"图层"面板与"合成"窗口类似,不同的是"合成"窗口显示的是当前合成中多个图层素材的最终效果,而"图层"面板中显示的只是单一图层中素材的原始效果。

执行"窗口 > 图层"命令,可以打开或关闭"图层"面板,如图 2-40 所示。"图层"面板的面板菜单如图 2-41 所示。

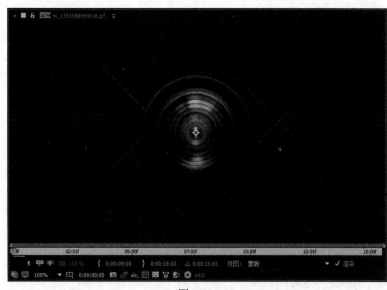
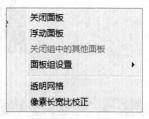

图 2-40　　　　　　　　　　　　　　　　图 2-41

2.2.13 "效果控件"面板

"效果控件"面板主要用于对各种特效进行参数设置。当一种特效添加到素材上时,该面板将显示该特效的相关参数设置,用户可以通过参数的设置对特效进行修改,从而达到所需要的效果。

执行"窗口 > 效果控件"命令,可以打开或关闭"效果控制"面板,如图 2-42 所示。"效果控制"面板的面板菜单如图 2-43 所示。

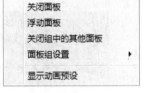

图 2-42　　　　　　　　　　　　　　　　图 2-43

2.2.14　"字符"面板

"字符"面板主要用于对文字属性进行设置。执行"窗口 > 字符"命令，可以打开或关闭"字符"面板，如图 2-44 所示。"字符"面板的面板菜单如图 2-45 所示。

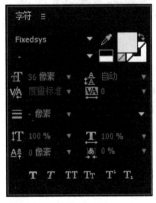
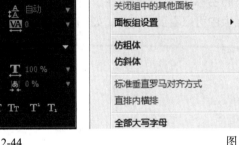

图 2-44　　　　　　　　　　　　　　　　图 2-45

2.3　After Effects 的基础操作

在启动 After Effects CC 软件后，如果要想继续进行编辑工作，那么首先要创建一个新的项目，这也是 After Effects CC 最基本的操作之一，只有创建好了项目，才能进行其他任何的编辑工作。本节主要讲解项目文件的各种操作方法，如创建项目、保存项目、导入素材的方法、素材的管理等相关操作。

2.3.1　项目文件的基础操作

运行 After Effects CC 软件后，需要新建项目和合成，这是 After Effects CC 最基本的操作之一，当用户完成对项目文件的相应制作时，需要做的就是对项目进行保存和关闭了，本节将详细讲解对项目文件进行操作的方法和技巧。

▶ 1. 创建项目文件

当用户在启动 After Effects CC 时，会自动建立一个空的项目，但是很多时候，是需要用户自己新建项目的。

执行"文件 > 新建 > 新建项目"命令，或者按快捷键 Ctrl+Alt+N，即可创建一个新的项目文件，如图 2-46 所示。执行"合成 > 新建合成"命令，即可弹出"合成设置"对话框，如图 2-47 所示。

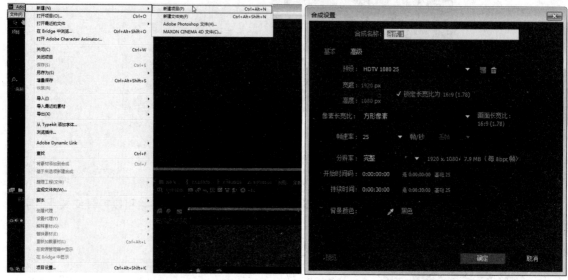

图 2-46   图 2-47

在"合成设置"对话框种设置合适的名称、尺寸、帧速率、持续时间选项，单击"确定"按钮，即可创建一个合成文件，在"项目"面板中可以看到该文件，如图 2-48 所示。在界面下方出现了新的"时间轴"面板，如图 2-49 所示。

图 2-48   图 2-49

▶ 2. 保存项目文件

在新建项目中完成相应的编辑操作及合成文件后，接下来就需要对该项目文件进行保存了。用户在对项目进行操作的过程中，需要将项目文件随时进行保存，防止程序出错或发生其他意外情况而带来不必要的麻烦。

保存项目文件时，有 3 种方法，下面对其逐一进行介绍。

方法 1：如果是新创建的项目文件，执行"文件 > 保存"命令，或者快捷键 Ctrl+S，在弹出的"另存为"对话框中进行设置，如图 2-50 所示，单击"保存"按钮，即可将文件保存。如果该项目文件已经被保存过一次，那么再次执行"保存"命令时则不会弹出"另存为"对话框，而是直接将原来的文件覆盖。

图 2-50

方法 2：如果用户不想覆盖原来的文件，希望另外保存一个文件时，则可以执行"文件 > 另存为 > 另存为"命令，在弹出的"另存为"对话框中进行设置，单击"保存"按钮，即可将该项目文件保存为另外一个文件。

方法 3：还可以将文件以副本的形式进行另存，这样不会影响原文件的保存效果，执行"文件 > 另存为 > 保存副本"命令，将该文件另存为一个副本，其参数设置与保存操作的参数设置相同。

▶ 3. 关闭项目文件

当用户想要关闭当前项目文件时，可以执行"文件 > 关闭"命令，或执行"文件 > 关闭项目"命令。如果当前项目是已经保存过的文件，则可以直接关闭该项目文件；如果当前项目是未保存的或者做了某些修改而未保存的，则系统将会弹出 After Effects 警告窗口，如图 2-51 所示，用来询问用户是否需要保存当前项目或已做修改的项目。

图 2-51

2.3.2　导入素材的文件

在 After Effects 中，当创建一个新的项目文件后，通常需要将相关的素材导入到"项目"面板中，对于不同类型的素材，After Effects 有着不同的导入设置，根据选项设置的不同，所导入的图片也不同，根据格式的不同其导入的方法也不相同。本节将详细介绍导入各种类型素材的操作方法和技巧。

▶ 1. 单个素材的导入

打开 After Effects CC 软件后，执行"文件 > 导入 > 文件"命令，或者按快捷键 Ctrl+I，在弹出的"导入文件"对话框中选择需要导入的素材，如图 2-52 所示。单击"导入"按钮，即可将该素材导入到"项目"面板中，如图 2-53 所示。

图 2-52   图 2-53

▶ 2. 多个素材的导入

打开 After Effects CC 软件后，执行"文件＞导入＞多个文件"命令，或者按快捷键 Ctrl+Alt+I，在弹出的"导入多个文件"对话框中，按住 Ctrl 键的同时逐个单击需要导入的素材文件，如图 2-54 所示。单击"导入"按钮，即可导入多个素材文件，在"项目"面板中可以看到导入的素材文件，如图 2-55 所示。

图 2-54   图 2-55

▶ 3. 序列素材的导入

序列文件是指若干张按顺序排列的图片组成的一个图片序列，每张图片代表一个帧，用来记录运动的影像。

打开 After Effects CC 软件后，执行"文件＞导入＞文件"命令，在弹出的"导入文件"对话框中选择第一个素材，并且勾选该对话框右下方的"JPEG 序列"复选框，如图 2-56 所示。单击"导入"按钮，即可将图片以序列的形式导入，一般导入后的序列图片为动态动画文件，如图 2-57 所示。

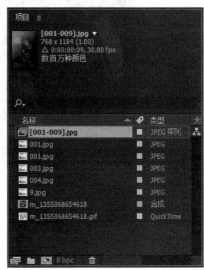

图 2-56　　　　　　　　　　　　　　　　　图 2-57

▶ 4. PSD 素材文件的导入

在 After Effects CC 中，部分层、静态素材的导入方法基本相同，但是想要做出丰富多彩的视觉效果，单凭静态的图片格式是不够的，通常会用其他外在的软件做辅助，例如 Photoshop CC，下面进行详细的介绍。

打开 After Effects CC 软件，执行"文件 > 导入 > 文件"命令，或者按快捷键 Ctrl+I，在弹出的"导入文件"对话框中选择 PSD 格式的分层素材，如图 2-58 所示。该文件在 Photoshop 软件中的"图层"面板效果如图 2-59 所示。

图 2-58　　　　　　　　　　　　　　　　　图 2-59

单击"导入"按钮，弹出一个以 PSD 文件名命名的对话框，在该对话框的"导入种类"下拉列表中选择"合成"选项，如图 2-60 所示。单击"确定"按钮，即可将设置好的素材导入到"项目"面板中，如图 2-61 所示。

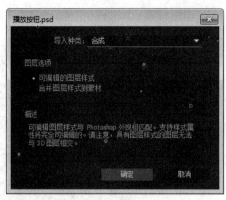

图 2-60

图 2-61

2.3.3 素材的基本操作

在使用 After Effects 软件进行动画编辑的时候，完成导入素材的操作后，这些素材只是出现在"项目"面板中，如果想要进一步对项目进行编辑，就需要对这些素材进行一些基本的操作，本节将详细讲述如何把素材添加到"时间轴"面板中，如何管理素材，如何移动和查看素材等操作。

▶ 1. 添加素材

前面学习了导入素材的方法，在用户导入素材后，还不能在"合成"窗口中看到该素材，因此就需要将素材添加到"时间轴"面板中进行编辑操作，下面通过操作进行学习。

首先执行"合成 > 新建合成"命令，在弹出的"合成设置"对话框中进行设置，如图 2-62 所示。执行"文件 > 导入 > 文件"命令，或者按快捷键 Ctrl+I，在弹出的"导入文件"对话框中选择所需素材，如图 2-63 所示。

图 2-62

图 2-63

单击"导入"按钮，即可将该素材导入到"项目"面板中，如图 2-64 所示。在"项目"面板中选中刚导入的素材，按住鼠标左键，将其拖曳至"时间轴"面板中，如图 2-65 所示。

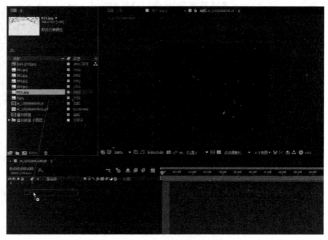

图 2-64　　　　　　　　　　　　　　　　　图 2-65

　　释放鼠标左键，即可将素材添加到"时间轴"面板中，在"合成"窗口中也可以看到该素材的预览效果，如图 2-66 所示。

图 2-66

▶ 2. 管理素材

　　在使用 After Effects CC 软件进行动画编辑的时候，太过单一的素材，可能会影响项目的质量，无法制作出绚丽多彩、精美的动画效果。因此，在使用 After Effects CC 制作项目时，通常需要大量类型各不相同的素材，如果不对素材进行很好的管理，会给后期的制作带来很大的麻烦，此时，对素材进行合理的分类与管理就变得有必要了。

　　1) 使用文件夹归类素材

　　在使用 After Effects CC 编辑动画时，往往需要大量的素材，素材又可以分为很多种，包括静态图像素材、动画素材、声音素材、标题素材和合成素材等，我们可以分别创建相应的文件夹来放置相同类型的文件，以方便使用时快速查找，提高工作效率。

　　执行"文件 > 新建 > 新建文件夹"命令，即可创建一个新的文件夹，此时新建的文件夹将以系统未命名 1、未命名 2……的形式出现在"项目"面板中，如图 2-67 所示。

　　创建文件夹的方法除了执行菜单命令外，还可以在"项目"面板中单击鼠标右键，在弹出的快捷菜单中选择"新建文件夹"选项，如图 2-68 所示；还可以在"项目"面板底部单击"创建一个新的文件夹"按钮■。

图 2-67   图 2-68

2) 重命名文件夹

一般创建的文件夹，系统将会默认以未命名 1、未命名 2……的形式出现在"项目"面板中，为了方便后期的项目制作，需要对文件夹进行重命名操作。

对文件夹重命名的方法很简单，在"项目"面板中，选择需要重命名的文件夹，按键盘上的 Enter 键，激活输入框，如图 2-69 所示，或者选中文件夹，单击鼠标右键，在弹出的快捷菜单中选择"重命名"选项，如图 2-70 所示。

图 2-69   图 2-70

3) 素材的移动和删除

当创建了一个新的文件夹，导入素材或者新建图像后，往往导入的素材或图像并不是放置在所对应的文件夹中，此时就需要手动将其移动到相对应的文件夹中。选择需要移动的素材，将其拖动至所对应的文件夹上释放鼠标左键，即可将该素材放置到其对应的文件夹中。

对于多余的素材或文件夹，应该及时进行删除。删除素材或文件夹的方法很简单，选择需要删除的素材或文件夹，按 Delete 键即可将其删除；也可以选择需要删除的素材或文件夹，单击"项目"面板下方的"删除选择的项目"按钮即可。

另外，执行"文件 > 删除所有重复导入的素材"命令，可以将"项目"面板中重复导入的素材删除；执行"文件 > 删除没有使用的素材"命令，可以将"项目"面板中没有应用到的素材全部删除；执行"文件 > 减少项目"命令，可以将"项目"面板中选择对象以外的其他素材全部删除。

4) 素材的替换

在 After Effects CC 中进行动画处理的过程中，如果发现导入的素材不够精美或效果不满意，可以通过替换素材的方式来修改。

在"项目"面板中选择需要替换的素材，执行"文件 > 替换素材 > 文件"命令，或者在当前素材上单击鼠标右键，在弹出的快捷菜单中选择"替换素材 > 文件"选项（如图 2-71 所示），即可在弹出的"替换素材文件"对话框中选择要替换的素材，如图 2-72 所示，单击"打开"按钮，即可完成替换素材的操作。

图 2-71　　　　　　　　　　　　　　　　　　图 2-72

5) 查看和移动素材

通常情况下，所添加的素材起点都位于 00：00：00：00 帧处，如果用户想要修改该素材的起点帧，将起点设为其他时间帧的位置时，则可以通过拖动持续时间滑块的方法来实现，拖动时间滑块的效果如图 2-73 所示。

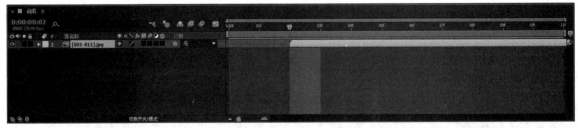

图 2-73

在拖动时间滑块时，不仅可以将起点向后移动，也可以将起点向前移动，也就是说，素材的时间滑块可以向前或向后随意移动。

6) 设置素材的入点及出点

在动画制作中，素材一般都有不同的出场顺序，有些素材贯穿整个动画，而有些素材只是显示几秒时间，因而就有了素材的入点和出点的不同设置。素材的入点即动画开始的时间位置，素材的出点即动画结束的时间位置。下面将通过实际操作讲解在"图层"窗口中设置素材入点和出点的方法。

实例 3 图形之间的相互转换

教学视频：视频 \ 第 2 章 \2-3-3.mp4　　　源文件：源文件 \ 第 2 章 \2-3-3.aep

实例分析：

　　在交互动画制作中，图形之间的相互转换是比较常见的一种交互效果，通过本实例将实现简单的图形之间的转换效果。

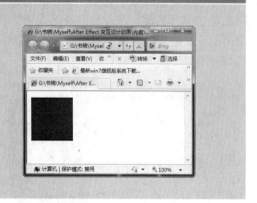

01 执行"文件 > 导入 > 文件"命令，在弹出的"导入文件"对话框中选择相应的素材文件，如图 2-74 所示。导入的素材即可被放置到"项目"面板中，如图 2-75 所示。

图 2-74

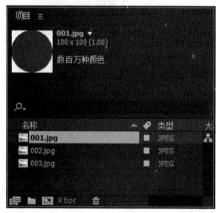

图 2-75

02 在"项目"面板中选择刚刚导入的素材，将其拖曳到"时间轴"面板中，添加素材，如图 2-76 所示。

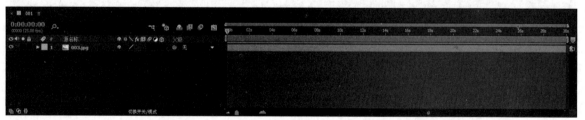

图 2-76

03 在"时间轴"面板中双击该素材，即可打开该素材所对应的"图层"面板，如图 2-77 所示。执行"视图 > 转到时间"命令，或者按快捷键 Alt+Shift+J，在弹出的"转到时间"对话框中进行设置，如图 2-78 所示。

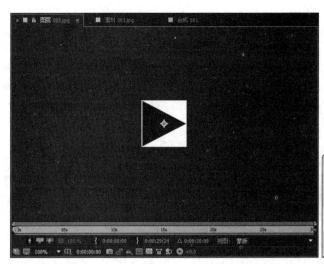

图 2-77

图 2-78

04 单击"确定"按钮,可以看到"图层"面板中的时间滑块标记在了 00:00:01:00 的位置,如图 2-79 所示。单击"图层"面板底部的"将入点设置为当前时间"按钮 ,即可看到为素材设置入点的效果,如图 2-80 所示。

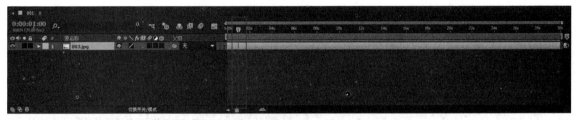

图 2-79

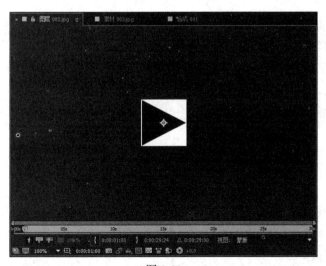

图 2-80

05 再次执行"视图>转到时间"命令,在弹出的"转到时间"对话框中进行设置,如图 2-81 所示。单击"图层"面板底部的"将入点设置为当前时间"按钮 ,为素材设置出点,完成了素材入点和出点的设置,从"图层"面板中的时间标尺位置可以清楚地看到设置入点和出点后的效果,如图 2-82 所示。

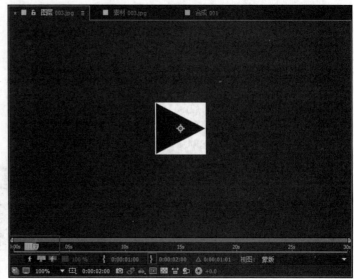

图 2-81   图 2-82

06 使用相同的方法将素材添加到"时间轴"面板上,并为其设置入点和出点,如图 2-83 所示。在"时间轴"面板的轨道上拖动素材片段,调整其在轨道上的位置,如图 2-84 所示。

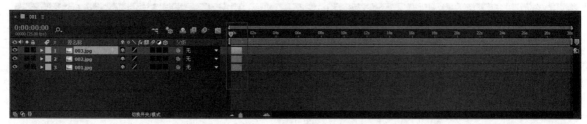

图 2-83

图 2-84

07 使用相同的方法完成后面部分的制作,如图 2-85 所示。执行"合成 > 添加到渲染队列"命令,如图 2-86 所示。

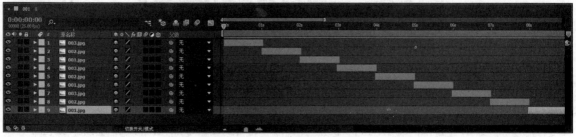

图 2-85

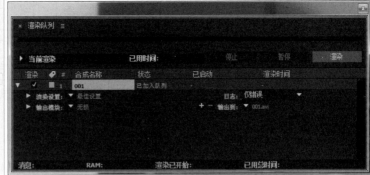

图 2-86

08 单击"渲染设置"后的链接文字"最佳设置",在弹出的"渲染设置"对话框中设置"时间跨度"选项为"自定义",输出时间为 0s 到 8s,如图 2-87 所示。单击"输出模块"按钮,在弹出的"输出模块设置"对话框中设置输出格式,如图 2-88 所示。

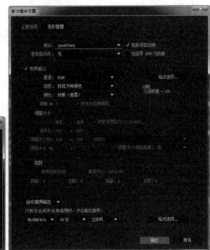

图 2-87   图 2-88

09 继续单击"输出到"后的文字,在弹出的"将影片输出到"对话框中对输出文件进行设置,如图 2-89 所示。完成设置后,单击"渲染"按钮,完成动画的输出,继续将动画文件导入到 Photoshop 中,如图 2-90 所示。

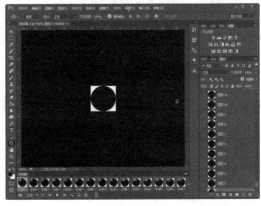

图 2-89   图 2-90

10 ✔ 执行"文件 > 导出 > 存储为 Web 所有格式 (旧版)"命令，弹出"存储为 Web 所有格式"对话框，如图 2-91 所示。选择并设置相应的选项，单击"存储"按钮，在弹出的对话框中设置相应的文件位置，如图 2-92 所示。

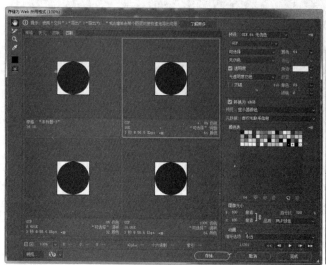

图 2-91

图 2-92

11 ✔ 单击"保存"按钮，完成最终动画文件的渲染，在 IE 浏览器中预览效果，如图 2-93 所示。

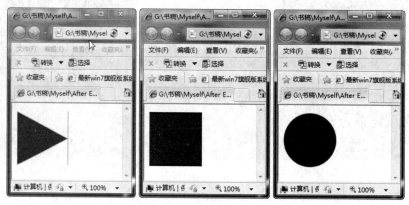

图 2-93

2.3.4 辅助功能的使用

在使用 After Effects CC 对素材进行编辑时，往往需要配合一些辅助功能使用，包括网格、快照、标尺、参考线、安全框、通道和预览区域等，如图 2-94 所示。通过这些辅助功能的使用，可以使编辑素材的操作变得更加得心应手。

图 2-94

➤ 1. 网格的使用

在进行素材编辑操作的过程中，为了对素材进行更精确的定位和对齐，就需要借助网格来完成。系统默认状态下，网格显示为绿色。

执行"视图 > 显示网格"命令，即可在预览面板中显示出网格，启用网格后的效果如图 2-95 所示。

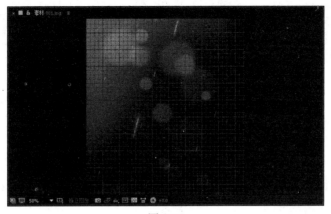

图 2-95

执行"编辑 > 首选项 > 网格和参考线"命令，弹出"首选项"对话框，如图 2-96 所示。在该对话框中，用户可以在"网格"选项组中对网格的间距和颜色进行设置。例如修改"颜色"值为其他颜色，单击"确定"按钮，可以看到修改颜色后的网格效果，如图 2-97 所示。

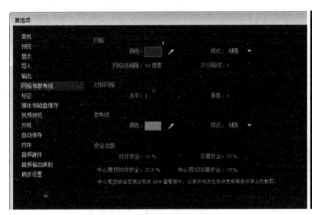

图 2-96

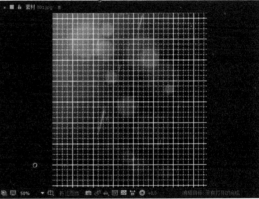

图 2-97

▶ 2. 快照的使用

快照就是将当前窗口中的画面进行抓图预存，然后在编辑其他画面时显示快照内容并进行对比，这样就可以更好地把握各个画面的效果，显示快照并不影响当前画面的图像效果。

单击"合成"窗口下方的"获取快照"按钮，即可将当前画面以快照形式保存起来。将时间滑块拖动到需要进行比较的画面位置，按住"合成"窗口下方的"显示快照"按钮不放，即可显示快照画面，以便用户与当前画面进行比较。

▶ 3. 标尺的使用

执行"视图 > 显示标尺"命令，或者按快捷键 Ctrl+R，即可显示水平和垂直标尺，标尺内的标记可以显示鼠标光标移动时的位置，默认情况下，标尺的原点位于"合成"窗口的左上角，如图 2-98 所示。将光标移动到左上角标尺交叉点的位置，然后按住鼠标左键将其拖动到适当的位置，释放鼠标，即可改变标尺原点的位置，如图 2-99 所示。

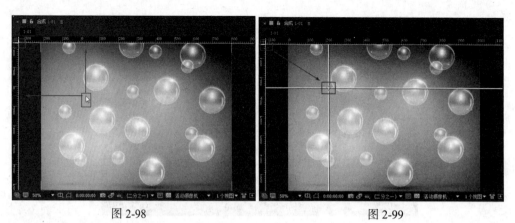

图 2-98   图 2-99

在标尺处于显示状态时,如果想要隐藏标尺,执行"视图 > 隐藏标尺"命令,或者在打开标尺的状态下,按快捷键 Ctrl+R,即可关闭标尺。将光标移至左上角标尺的交叉点位置,双击即可将标尺的原点恢复到默认位置。

▶ 4. 参考线的使用

参考线的作用和网格一样,也是主要应用在素材的精确定位和对齐操作中,但是参考线相对网格来说,操作更灵活,设置更随意,使用起来更加便捷。下面将详细介绍使用参考线的具体操作方法。

1) 创建参考线

执行"视图 > 显示标尺"命令,将标尺显示出来,用鼠标拖动水平标尺或垂直标尺的位置,当光标变成双向箭头时,向下或向右拖动鼠标,即可拉出水平或垂直的参考线;重复拖动,可以拉出多条参考线,如图 2-100 所示。此时,在"信息"面板中将显示参考线的精确位置,如图 2-101 所示。

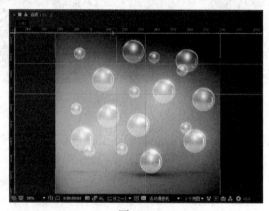

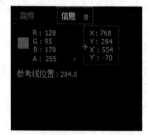

图 2-100   图 2-101

2) 显示与隐藏参考线

在对素材进行编辑的过程中,有时会感觉参考线妨碍操作,但是又不希望将参考线删除,执行"视图 > 显示参考线"命令,取消"显示参考线"的勾选,即可将参考线暂时隐藏。如果需要再次显示参考线,执行"视图 > 显示参考线"命令即可。

3) 吸附参考线

执行"视图 > 吸附参考线"命令,启动参考线的吸附属性,可以在拖动素材时在一定距离内自动吸附参考线,使素材自动与参考线对齐。

4) 锁定与取消锁定参考线

在操作过程中,如果不想改变参考线的位置,用户可以将参考线锁定,执行"视图 > 锁定参考线"命令,锁定后的参考线不能够被再次拖动改变位置;如果想修改参考线的位置,可以执行"视图 > 取消锁定参考线"命令，取消参考线的锁定状态，再修改参考线的位置。

5) 清除参考线

如果不需要参考线，想要将参考线删除，执行"视图 > 清除参考线"命令，即可将参考线全部删除；若只想删除其中一条或多条参考线，则可以将光标移至该条参考线上，当光标变成双箭头时，按住鼠标左键将其拖出面板范围即可。

6) 修改参考线参数

执行"编辑 > 首选项 > 网格与参考线"命令，弹出"首选项"对话框，如图 2-102 所示，在"参考线"选项组中，设置参考线的"颜色"和"样式"即可。如图 2-103 所示为修改了"颜色"和"样式"的参考线效果。

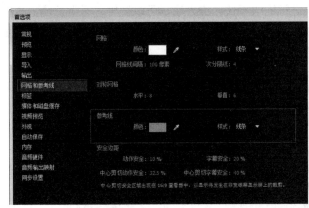
图 2-102

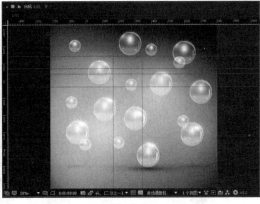
图 2-103

▶ 5. 安全框的使用

很多时候，制作出来的动画是需要在屏幕上播放的，但是由于显像器的不同，造成显示范围也不同，这时就需要注意动画图像及字幕的位置了。因为在不同的屏幕上播放时，经常会出现少许的边缘丢失现象，这种现象叫作溢出扫描。

在 After Effects CC 软件中，提供了防止图像信息丢失的功能，即安全框，通过安全框来设置素材，可以避免重要图像信息的丢失。安全框是可以被用户看到的画面范围，显示安全框以外的部分在电视设备中将不会被显示，文字安全框以内的部分可以保证被完全显示出来。

单击"合成"窗口下方的"选择网格和参考线选项"按钮，在弹出的下拉菜单中选择"标题 / 动作安全"选项，如图 2-104 所示，此时在"合成"窗口中即可显示安全框，如图 2-105 所示。

图 2-104

图 2-105

从显示的安全框可以看出，有两个安全区域，即"动作安全"和"标题安全"，通常来说，重要的图像应该保持在"动作安全"以内，而动态的字幕及标题文字应该保持在"标题安全"以内。

在安全框已经显示的状态下，如果用户不需要显示安全框，可以单击"合成"窗口下方的"选择网格和参考线选项"按钮 ，在弹出的下拉菜单中再次选择"标题 / 动作安全"选项，即可隐藏安全框。

▶ 6. 缩放功能的使用

在对素材的编辑操作过程中，为了能够更好地查看文件的整体效果或精确地查看某个部分，往往需要将素材进行放大或缩小处理。在 After Effects CC 中，用户可以对素材便捷地进行放大和缩小处理。

单击"合成"窗口下方的按钮 100% ，在弹出的下拉列表中选择合适的缩放比例（如图 2-106 所示），选择 200%，则该素材即可按所选比例进行缩放操作，放大后，可以使用"抓手工具"随意移动素材至需要放大的部分，如图 2-107 所示。如果想让素材快速返回到原尺寸 100% 的状态，可以直接双击"缩放工具"按钮 。

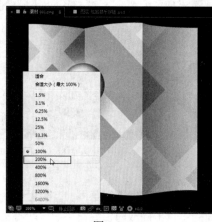
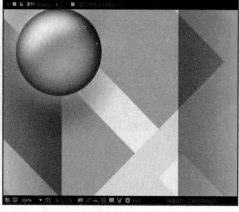

图 2-106   图 2-107

▶ 7. 显示通道

单击"合成"窗口下方的"显示通道及色彩管理设置"按钮 ，即可在弹出的下拉菜单中选择红色、绿色、蓝色和 Alpha（通道）等选项，如图 2-108 所示。选择不同的通道选项，将显示不同的通道模式效果，如图 2-109 所示为选择红色通道的素材图像效果。

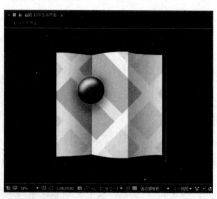

图 2-108   图 2-109

选择不同的通道模式，观察通道颜色的比例，有利于后期图像色彩的处理，在抠取图像时也更容易掌握。在选择不同通道时，"合成"窗口边缘将显示不同通道颜色的标识框，以区分通道显示。另外，在选择红、绿、蓝通道时，"合成"窗口显示的是灰色的图案效果，如果想要显示出通道的颜色效果，可以在弹出的下拉菜单中选择"彩色化"选项，如图 2-110 所示。

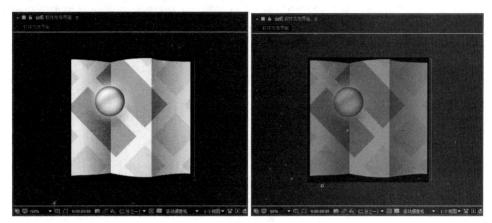

图 2-110

▶ 8. 分辨率解析

在对项目进行编辑的过程中，有时只想查看一下动画的大概效果，而并不是最终的输出效果，这时，就需要应用低分辨率来提高渲染的速度，避免不必要的时间浪费，提高工作效率。单击"合成"窗口底部的"分辨率解析"按钮 完整 ，即可在弹出的下拉菜单中选择相应的选项，以设置不同的分辨率效果，如图 2-111 所示。

图 2-111

▶ 9. 设置区域预览

在渲染动画时，除了可以使用降低分辨率的方法来提高渲染速度外，还可以通过设置区域预览的方法来快速渲染动画。

单击"合成"窗口下方的"目标区域"按钮 ，在"合成"窗口中单击鼠标拖动绘制一个区域，如图 2-112 所示，释放鼠标后即可看到区域预览的效果，显示效果如图 2-113 所示。

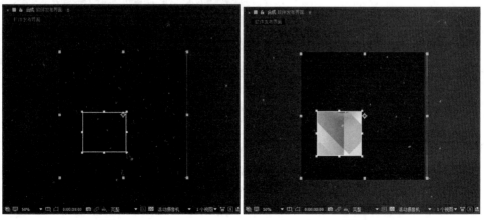

图 2-112　　　　　　　　　　　　　　　图 2-113

》10. 设置不同的视图效果

　　单击"合成"窗口下方的"活动摄像机"按钮，即可在弹出的下拉菜单中选择不同角度的 3D 视图效果，如图 2-114 所示。如果想要在"合成"窗口中看到图像的不同视图效果，需要在"时间轴"面板中打开三维视图模式。

图 2-114

　　用户可以在"时间轴"面板上选中相应的图层，单击鼠标右键，在弹出的快捷菜单中选择"3D 图层"选项，或者单击"3D 图层"按钮，打开三维视图模式。

实例 4

在三维视图模式中编辑图像

教学视频：视频 \ 第 2 章 \2-3-4.mp4　　　源文件：无

实例分析：

　　After Effects 的视图模式可以帮助交互动画制作人员从多个角度感受动画的效果，从而制作出效果完美的动画，通过本实例的操作可掌握如何在三维视图模式中编辑图像。

01 ⌄　首先启动软件，将素材导入到项目中，如图 2-115 所示。在"时间轴"面板中，单击图层轨道上的按钮▇，启动 3D 图层，如图 2-116 所示。

02 ⌄　使用"旋转工具"对素材进行相应调整，如图 2-117 所示。完成设置后，单击"合成"窗口下方的"活动摄像机"按钮 活动摄像机 ▼，在弹出的下拉菜单中选择"左侧"选项，可以看到图像的左视图效果，如图 2-118 所示。

图 2-115

图 2-116

图 2-117

图 2-118

03 　再次单击"合成"窗口下方的"活动摄像机"按钮 ，在下拉菜单中选择"背面"选项，可以看到图像的后视图效果，如图 2-119 所示。

图 2-119

2.3.5 After Effects 中的基本工作流程

了解 After Effects 的基本工作流程，为日后的交互动画制作打下良好的基础，在本节中将通过实例操作进行详细的介绍。

实例 5 制作简单的交互动画

教学视频：视频 \ 第 2 章 \2-3-5.mp4　　源文件：源文件 \ 第 2 章 \2-3-5.aep

实例分析：

通过前面的学习掌握了交互动画制作过程中一些常见的交互效果，接下来通过本实例的实际操作进一步掌握交互动画的制作方法。

01 ▼ 启动软件，执行"文件＞新建＞新建项目"命令，或者按快捷键 Ctrl+Alt+N，新建一个项目文件，如图 2-120 所示。执行"合成＞新建合成"命令或者按快捷键 Ctrl+ N，弹出"合成设置"对话框，如图 2-121 所示。

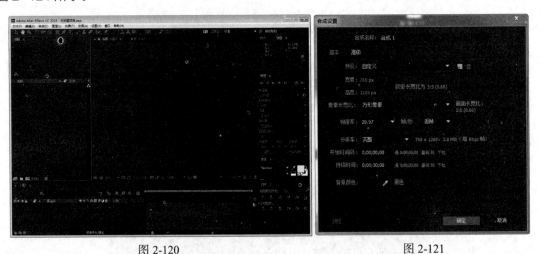

图 2-120　　　　　　　　　　　　　　　　　图 2-121

02 ▼ 在"合成设置"对话框中选择"高级"选项，如图 2-122 所示。单击"确定"按钮，即可新建合成，如图 2-123 所示。

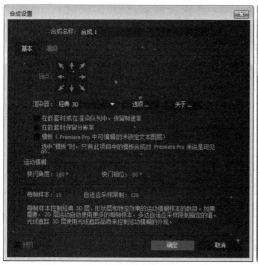

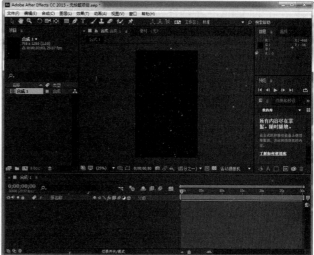

图 2-122

图 2-123

 提示　在 After Effects CC 中进行影视特效后期制作时，需要新建项目和合成。在启动 After Effects 时，会自动创建一个空的项目，而此时并没有合成存在，所以在开始创建之前必须先新建合成。

03 执行"文件 > 导入 > 多个文件"命令，如图 2-124 所示。或者在"项目"面板空白处双击鼠标左键，弹出"导入文件"对话框，如图 2-125 所示。

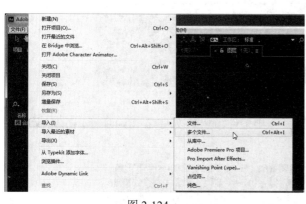

图 2-124

图 2-125

04 选择相应的素材，如图 2-126 所示。单击"打开"按钮，完成素材的导入，在"项目"面板中可以看到刚刚导入的素材，如图 2-127 所示。

图 2-126

图 2-127

 完成项目和合成的创建后，接下来可以将相关的素材导入到所创建的项目中，以便于在 After Effects CC 中进行合成处理。

05 ☞ 在"项目"面板中选中需要的素材，如图 2-128 所示。将素材拖入到"合成"窗口中，或者将其拖入"时间轴"面板中，如图 2-129 所示。

图 2-128

图 2-129

06 ☞ 执行"效果 > 过渡 > 线性擦除"命令，打开"效果控件"面板，如图 2-130 所示。在"效果控件"面板中对相关参数进行设置，如图 2-131 所示。

图 2-130

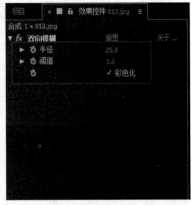
图 2-131

在项目中导入相应的素材后，可以将素材添加到合成的“时间轴”面板中，为素材添加相应的特效并进行处理。

07 使用相同的方法，将其他素材添加到“时间轴”面板上，调整先后出现的顺序，并添加“线性擦除”特效，如图 2-132 所示。

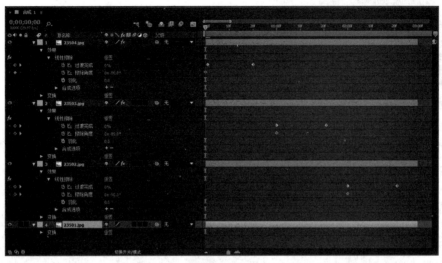

图 2-132

08 执行“合成 > 添加到渲染队列”命令，如图 2-133 所示。对“渲染设置”选项进行设置，如图 2-134 所示。

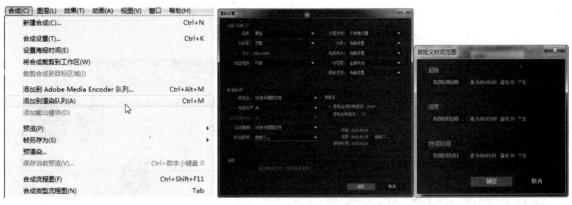

图 2-133　　　　　　　　　　　　　　　　图 2-134

09 继续对“输出模块”选项进行设置，如图 2-135 所示。最后对“输出到”选项进行设置，如图 2-136 所示。

在合成的处理中，不仅可以为素材添加相应的特效，还可以在项目合成中添加文字，并制作文字效果。

图 2-135　　　　　　　　　　　　　　　　图 2-136

10 完成动画渲染的设置，单击"时间轴"面板上的渲染按钮，对动画文件进行渲染，如图2-137 所示。

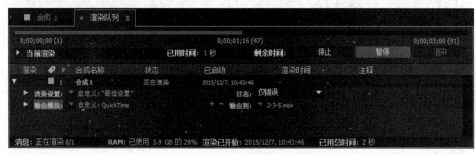

图 2-137

11 启动 Photoshop CC，如图 2-138 所示。执行"文件 > 导入 > 视频帧到图层"命令，在弹出的"打开"对话框中选择刚刚生成的动画文件，如图 2-139 所示。

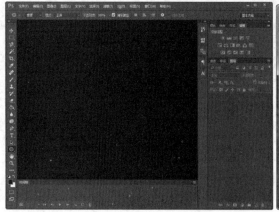

图 2-138　　　　　　　　　　　　　　　　图 2-139

提示　　　　在软件中除了可以添加静态的文字，还可以为文字添加动画效果，使最终的效果更具动感。

12 单击"打开"按钮，在弹出的"将视频导入图层"对话框中继续单击"确定"按钮，如图 2-140

所示。完成动画文件的导入，如图 2-141 所示。

图 2-140　　　　　　　　　　　　　　　　图 2-141

13 执行"文件 > 导出 > 存储为 Web 所有格式（旧版）"命令，在弹出的"存储为 Web 所有格式"对话框中选择相应的选项，并设置相应的参数，如图 2-142 所示。单击"存储"按钮，在弹出的"将优化结果存储为"对话框中，设置相应的文件路径位置和名称，如图 2-143 所示。

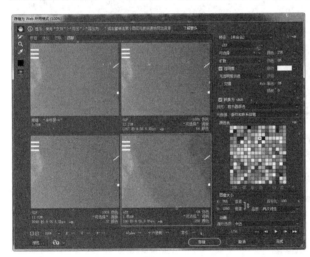

图 2-142　　　　　　　　　　　　　　　　图 2-143

14 完成动画的制作，在 IE 浏览器中观看效果，如图 2-144 所示。

图 2-144

提示 在软件中完成项目效果的处理后，可以将项目保存，并且渲染输出所制作的项目，这样就可以看到所制作的项目效果。

2.4　本章小结

本章主要介绍 After Effects CC 的基础知识，并详细介绍了基本的操作方法和操作过程。目的是使读者在日后的交互动画制作过程中对软件的操作更加熟练，设计出更加完美的交互动画。

2.5　课后练习

在本章中已经对软件的基础知识进行了细致了解与学习，并掌握了简单的交互动画制作的操作，接下来通过完成课后练习对动画的制作方法进行巩固。

实战

制作简单的 GIF 交互动画
教学视频：视频 \ 第 2 章 \2-5.mp4　　　源文件：源文件 \ 第 2 章 \2-5.aep

01 ∨ 新建合成，导入相应的素材，并将素材添加到"时间轴"面板上。

02 ∨ 为素材添加相应的位移特效。

03 ∨ 生成 MOV 格式视频动画。

04 ∨ 通过 Photoshop 生成 GIF 格式的动画。

第3章 使用 After Effects 中的图层与时间轴

After Effects CC 中的图层类似于 Photoshop 中的图层，在制作交互动画的时候，所有操作都必须在图层的基础上来完成，通过对图层的操作完成最终效果。所不同的是，After Effects CC 中的图层包括多种类型，可通过利用不同的图层来达到所需的效果。将素材拖入"时间轴"面板时就形成了素材层，通过调整大小、位移和不透明度等操作可以完成简单的动画；灯光层可以对合成中的影视动画进行灯光调节，也可以制作出绚丽的灯光动画；文本图层可以在合成中输入文字、制作文字动画等。

本章知识点
- ✔ 掌握图层的类型
- ✔ 掌握图层的基本操作
- ✔ 掌握图层的基本属性
- ✔ 掌握图层的混合模式
- ✔ 了解"时间轴"面板

3.1 图层的类型

在 After Effects CC 中，图层共有 9 种，分别为素材图层、文本图层、纯色图层、灯光图层、摄像机图层、空对象图层、形状图层、调整图层和 Photoshop 文件图层。

3.1.1 素材图层

素材图层是通过将外部的图像、音频、视频导入到 After Effects CC 软件中，添加到"时间轴"面板中自动生成的层，可以通过修改变换属性达到移动、缩放和透明等效果，如图 3-1 所示。

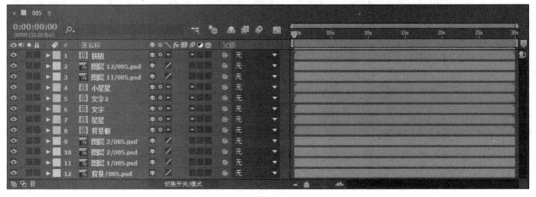

图 3-1

3.1.2 文本图层

After Effects CC 中的文本图层能够在动画中添加相应的文字及文字动画，执行"图层 > 新建 > 文本"命令或者按快捷键 Ctrl+Alt+Shift+T，即可新建文本图层，如图 3-2 所示。创建文本图层后，在"字符"面板中对文字的大小、颜色和字体等进行设置，即可在"合成"窗口中输入想要的文字。

图 3-2

实例 6　交互动画制作中文本图层的使用

教学视频：视频 \ 第 3 章 \3-1-2.mp4　　源文件：源文件 \ 第 3 章 \3-1-2.aep

实例分析：

在交互动画制作中，文字是不可或缺的一部分，所以要对文字进行精心制作。After Effects CC 中文字动画的制作是通过文字图层配合特效来完成的，下面将通过对文字图层的简单运用来制作文字动画。本实例通过操作文本图层，以及使用其他属性进行配合的方式制作简单的文字动画。

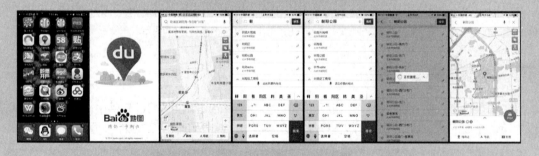

01 打开 After Effects CC 软件，执行"合成 > 新建合成"命令，如图 3-3 所示。在弹出的"合成设置"对话框中设置各项参数，如图 3-4 所示。

02 单击"确定"按钮，创建一个名称为"合成 1"的新合成，如图 3-5 所示。执行"文件 > 导入 > 文件"命令，弹出"导入文件"对话框，选择相应的素材，单击"导入"按钮，如图 3-6 所示。

03 将素材拖曳至"时间轴"面板中，如图 3-7 所示。对"时间轴"面板中轨道上的素材进行截取，并按照出场先后顺序调整位置，如图 3-8 所示。

图 3-3

图 3-4

图 3-5

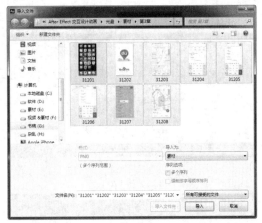

图 3-6

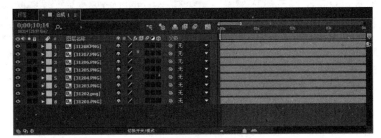

图 3-7

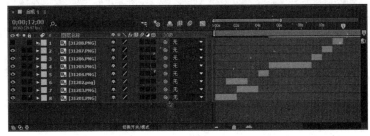

图 3-8

04 选择"文字工具",执行"窗口 > 字符"命令,打开"字符"面板,如图 3-9 所示。在"合成"窗口中输入相应的文字,如图 3-10 所示。

图 3-9

图 3-10

05 每个文字单独显示在一个图层中，如图 3-11 所示。剪切"时间轴"面板中轨道上的素材，如图 3-12 所示。

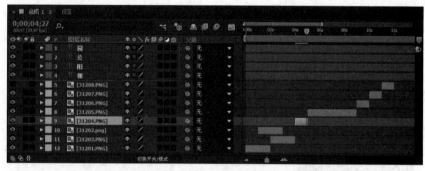

图 3-11

图 3-12

06 调整图层 10 对应轨道上素材的相应属性，如图 3-13 所示。

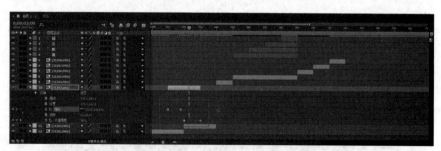

图 3-13

07 完成动画的制作，执行"文件 > 保存"命令，将项目文件保存为"源文件 \ 第 3 章 \3-1-2.aep"，如图 3-14 所示。完成项目文件的保存，选中"项目"面板中的"合成 1"，执行"合成 > 添加到渲染队列"命令，如图 3-15 所示。

图 3-14   图 3-15

08 或者按快捷键 Ctrl+M，自动将当前项目添加到"渲染队列"面板中，如图 3-16 所示。

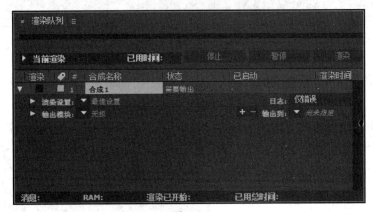

图 3-16

09 在"输出到"选项后的"尚未指定"处单击鼠标，弹出"将影片输出到"对话框，选择相应的文件位置以及设置输出影片的名称，如图 3-17 所示。完成设置后单击"保存"按钮，返回"渲染队列"面板，单击"渲染"按钮进行渲染，如图 3-18 所示。

图 3-17

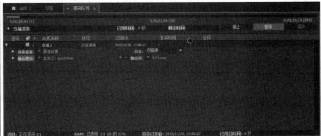

图 3-18

在设置"输出到"选项时，由于系统默认的是输出为 AVI 格式，所以首先单击"输出模块"后的"无损"，在弹出的"输出模块设置"对话框的"格式"选项中选择 QuickTime 选项，如图 3-19 所示。同时由于"时间轴"上的工作区域较长，且默认的输出时间跨度为"仅工作区域"，这样输出比较浪费资源，并且耗费工作时间，所以对输出时间段进行输出前的设置，单击"渲染设置"选项后的"最佳设置"，弹出"渲染设置"对话框，在"时间跨度"选项后单击鼠标，在弹出的下拉菜单中选择"自定义"选项。继续在弹出的对话框中设置参数，如图 3-20 和图 3-21 所示。

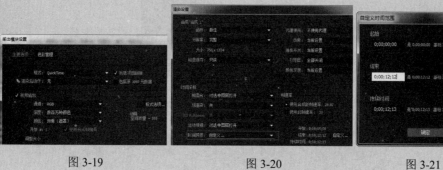

| 图 3-19 | 图 3-20 | 图 3-21 |

10 完成渲染后可以在相应的文件位置找到生成的动画，如图 3-22 所示。启动 Photoshop 软件，如图 3-23 所示。

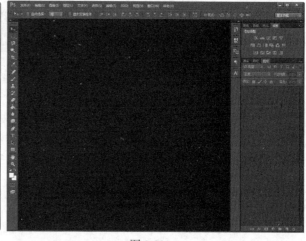

| 图 3-22 | 图 3-23 |

11 执行"文件 > 导入 > 视频帧到图层"命令，弹出"打开"对话框，选择视频"3-1-2.mov"，如图 3-24 所示。单击"打开"按钮，弹出"将视频导入图层"对话框，如图 3-25 所示。

12 继续单击"确定"按钮，执行"文件 > 导出 > 存储为 Web 所有格式"命令，弹出"存储为 Web 所有格式"对话框，在对话框中选择相应的选项，并设置参数，如图 3-26 所示。

13 完成设置后单击"存储"按钮，设置存储位置和名称，如图 3-27 所示。单击"保存"按钮完成交互动画的导出，用户可以在 IE 浏览器中预览效果，如图 3-28 所示。

图 3-24

图 3-25

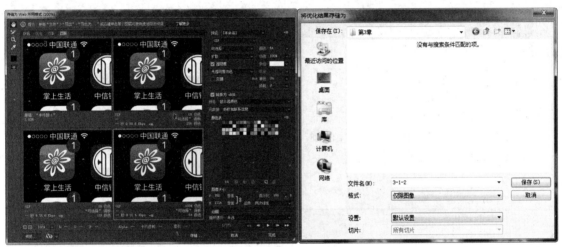

图 3-26

图 3-27

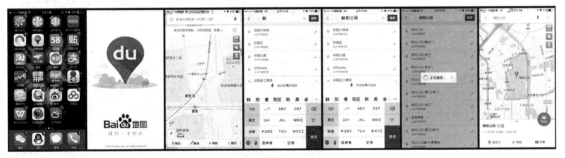

图 3-28

3.1.3　纯色图层

纯色图层主要用来制作蒙版效果，同时也可以作为承载编辑的图层，在上面制作各种效果。执行"图层 > 新建 > 纯色"命令或者按快捷键 Ctrl+Y，弹出"纯色设置"对话框，如图 3-29 所示。在该对话框中完成各项参数的设置，单击"确定"按钮，即可创建一个固态层，如图 3-30 所示。

图 3-29

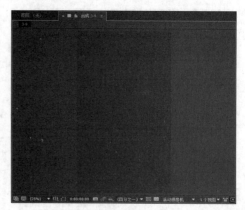

图 3-30

实例 7 **创建纯色背景**

教学视频：视频\第 3 章\3-1-3.mp4　　　源文件：源文件\第 3 章\3-1-3.aep

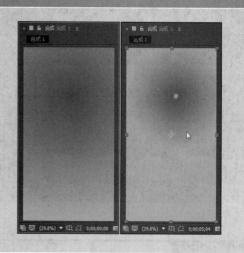

实例分析：

　　学习了纯色图层的知识后，接下来通过一个实例进行更深层次的理解。该实例是一个变化的纯色背景效果，通过动画效果的制作，体会该类型图层的应用。

01 　打开 After Effects CC 软件，执行"合成 > 新建合成"命令，如图 3-31 所示。在弹出的"合成设置"对话框中设置各项参数，如图 3-32 所示。

图 3-31

图 3-32

02 在"时间轴"面板中单击鼠标右键，在弹出的快捷菜单中执行"新建 > 纯色" 命令，新建纯色层，如图 3-33 所示。执行"效果 > 生成 > 梯度渐变"命令，添加"梯度渐变"特效，如图 3-34 所示。

图 3-33　　　　　　　　　　　　　　　　　　图 3-34

03 在"效果控件"面板中设置"起始颜色"为 #132CED，"结束颜色"为 #E17676，并对其他选项进行设置，如图 3-35 所示。在"合成"窗口中可以看到渐变效果，如图 3-36 所示。

图 3-35　　　　　　　　　　　　　图 3-36

04 单击"渐变起点"属性前的"自动插入帧"按钮 ，将"当前时间指示器"移到 5s 位置，单击"渐变终点"属性后的按钮 ，在"合成"面板上合适的位置单击鼠标，如图 3-37 所示。或者设置"渐变终点"属性的位置坐标，如图 3-38 所示。

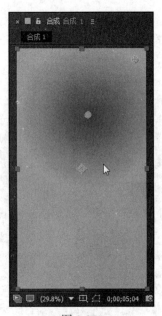
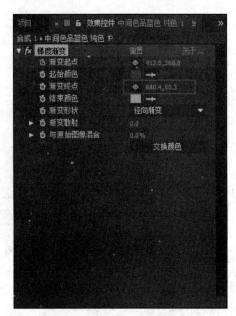

图 3-37   图 3-38

05 ✔ 完成纯色图层动态背景的制作，按空格键，预览动画效果，如图 3-39 和图 3-40 所示。

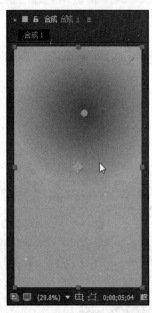

图 3-39   图 3-40

3.1.4　灯光图层

　　灯光图层一般用来模拟不同种类的真实光源，如家用电灯、舞台灯等。灯光层中包含 4 种灯光类型，分别为平行光、聚光、点光和环境光，不同的灯光类型可以营造出不同的灯光效果。

　　执行"图层 > 新建 > 灯光"命令或按快捷键 Ctrl+Shift+Alt+L，弹出"灯光设置"对话框，如图 3-41 所示。完成"灯光设置"对话框的设置后，单击"确定"按钮，即可创建一个灯光层。灯光只对 3D 图层产生效果，因此需要添加光照效果的图层必须开启 3D 图层开关。

图 3-41

在"灯光类型"下拉菜单中包括 4 种灯光类型，即平行光、聚光、点光和环境光，下面将分别对这 4 种灯光进行介绍。

1) 平行光

平行光主要用于模仿太阳光，当太阳在地球表面投射时，以一个方向投射平行光，光线亮度均匀，没有明显的明暗交界线。平行光具有一定的方向性，还具有投射阴影的效果。选择"平行光"选项，可以看到一条连接灯光和目标点的直线，通过移动目标点来改变灯光照射的方向，如图 3-42 所示。

2) 聚光

聚光也称为目标聚光灯，是像探照灯一样可以投射聚焦的光束。可以在"合成"窗口中通过拖动聚光灯和目标点来改变聚光的位置和照射效果。聚光不但具有方向性，而且可以投射阴影，如图 3-43 所示。

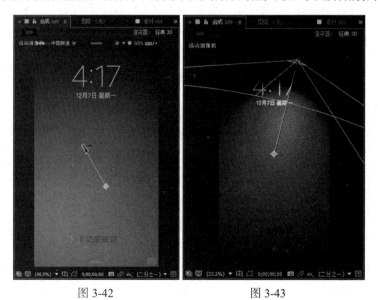

图 3-42　　　　　　　　　　　　　　图 3-43

3) 点光

点光是以单个光源向各个方向投射的光线。点光没有方向性，但具有投射阴影的能力，光线的强弱和物体距离的远近有关，如图 3-44 所示。

4) 环境光

环境光与平行光非常相似，但环境光没有光源可以调节，它直接照亮所有对象，不具有方向性，也不能投影，一般只用来加亮场景，与其他灯光可混合使用，如图 3-45 所示。

图 3-44   图 3-45

实例 8　　**交互动画制作中灯光图层的使用**
教学视频：视频 \ 第 3 章 \3-1-4.mp4　　源文件：源文件 \ 第 3 章 \3-1-4.aep

实例分析：

在 After Effects CC 中，可以通过在"合成"窗口中添加灯光层来调节动画的效果，也可以通过创建灯光动画来营造特殊的效果。下面将通过为图像添加灯光层调节整体效果，为大家展示灯光层的应用。

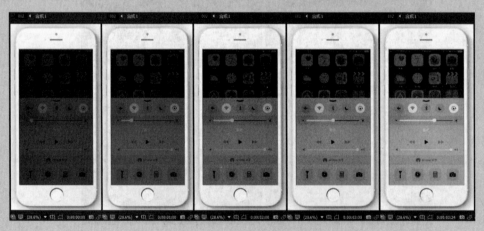

01 　打开 After Effects CC 软件，执行"合成 > 新建合成"命令，如图 3-46 所示。在弹出的"合成设置"对话框中设置各项参数，如图 3-47 所示。

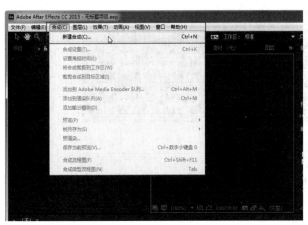

图 3-46　　　　　　　　　　　　　　　　图 3-47

02 单击"确定"按钮，创建一个名称为"合成 1"的新合成，如图 3-48 所示。执行"文件 > 导入 > 文件"命令，弹出"导入文件"对话框，选择相应的素材，单击"导入"按钮，如图 3-49 所示。

图 3-48　　　　　　　　　　　　　　　　图 3-49

03 将素材拖曳至"时间轴"面板中，如图 3-50 所示。执行"图层 > 新建 > 形状图层"命令，新建"形状图层 1"，如图 3-51 所示。

图 3-50

图 3-51

04 选择"椭圆工具",在合成窗口中绘制一个正圆形,如图 3-52 所示。单击"变换"属性前的三角按钮,在展开的菜单中继续单击"位置"选项前的按钮,此时时间码置于 0s 处,如图 3-53 所示。

图 3-52   图 3-53

05 将时间码拖曳至第 8s 处,调整"位置"选项中的参数,如图 3-54 所示。观看此时"合成"窗口中的效果,如图 3-55 所示。

图 3-54   图 3-55

06 使用相同的方法绘制一个圆角矩形,如图 3-56 所示。并设置圆角矩形的图层"变换"属性和图层位置,如图 3-57 所示。

图 3-56　　　　　　　　　　　　　　　　　图 3-57

07 将所有图层选中,执行"图层 >3D 图层"命令,如图 3-58 所示。执行"图层 > 新建 > 灯光"命令,弹出"灯光设置"对话框,如图 3-59 所示。

图 3-58　　　　　　　　　　　　　　　　　图 3-59

08 单击"确定"按钮完成灯光图层的创建,如图 3-60 所示。打开"灯光选项"属性,添加灯光强度关键帧,并设置参数,如图 3-61 所示。

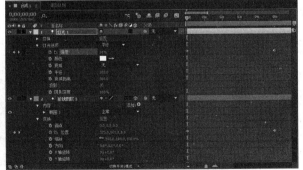

图 3-60　　　　　　　　　　　　　　　　　图 3-61

09 在"项目"面板中双击鼠标,将手机模板素材导入到项目中。选中素材,单击鼠标右键,在弹出的快捷菜单中选择"基于所选项新建合成"选项,如图 3-62 所示。

图 3-62

10 选中"合成1"，拖曳到"时间轴"面板上，调整图层的位置，并调整在"合成"窗口中的位置，如图 3-63 所示。

图 3-63

11 完成动画的制作，单击空格键，观看效果，如图 3-64 所示。

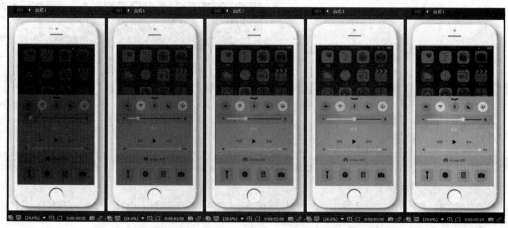

图 3-64

3.1.5　摄像机图层

摄像机图层用于控制合成最后的显示角度，也可以通过对摄像机图层创建动画来完成一些特殊的效果。要想通过摄像机层制作特殊效果，就需要 3D 图层的配合，因此必须将图层上的 3D 开关打开。

执行"图层 > 新建 > 摄像机"命令，或者按快捷键 Ctrl+Shift+Alt+C，弹出"摄像机设置"对话框，如图 3-65 所示。完成"摄像机设置"对话框中的设置，单击"确定"按钮，即可创建一个摄像机层。

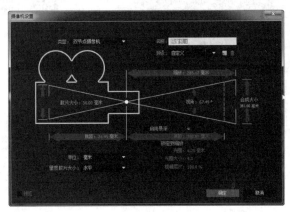

图 3-65

提示　在使用"综合摄像机工具"的时候，鼠标左键控制的是摄像机的旋转操作，相当于"旋转摄像机工具"的作用；鼠标中键控制的是摄像机的位移操作，相当于"XY 摄像机跟踪工具"的作用；鼠标右键控制的是摄像机的缩放操作，相当于"Z 摄像机跟踪工具"的作用。

实例9　**交互动画制作中摄像机的使用**
教学视频：视频 \ 第 3 章 \3-1-5.mp4　　源文件：源文件 \ 第 3 章 \3-1-5.aep

实例分析：

摄像机动画类似于现实中摄像机拍摄的效果，可以实现如推、拉、摇、移等摄像机所具备的操作。由于条件或者一些其他因素限制，有时摄像机拍不出或者达不到预期的效果，而在 After Effects CC 中却能够通过制作摄像机动画来完成。

01 打开 After Effects CC 软件, 如图 3-66 所示。执行"文件 > 打开项目"命令, 在弹出的"打开"对话框中选择项目文件"3-1-5.aep", 如图 3-67 所示。

图 3-66   图 3-67

02 在"时间轴"面板的空白处单击鼠标右键, 在弹出的快捷菜单中执行"新建 > 摄像机"命令, 弹出"摄像机设置"对话框, 设置如图 3-68 所示。单击"确定"按钮, 创建"摄像机"图层, 如图 3-69 所示。

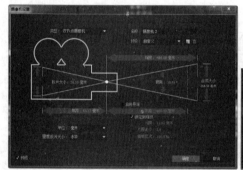

图 3-68   图 3-69

03 单击"摄像机"图层前的三角按钮可以展开其相应的属性, 如图 3-70 所示。继续单击"变换"属性和"摄像机选项"属性前的按钮, 展开各自的属性, 对相应的选项进行设置, 如图 3-71 所示。

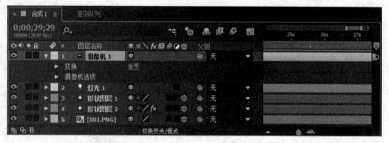

图 3-70

04 完成摄像机图层的创建, 观看"合成"窗口中的效果, 如图 3-72 所示。

图 3-71　　　　　　　　　　　　　图 3-72

3.1.6　空对象图层

空对象图层是没有任何特殊效果的层，它是用于辅助动画制作的图层，可通过新建空对象层并以该层建立父子对象控制多个图层的运动或移动，如图 3-73 所示。也可以通过修改虚拟物体层上的参数而同时修改多个子对象参数，控制子对象的合成效果。

执行"图层 > 新建 > 空对象"命令，或者按快捷键 Ctrl+Alt+Shift+Y，即可新建一个空对象层。

图 3-73

　父子链接可以通过单击父层上的"父子链接"按钮◎并将链接线指向父对象上，或者在子对象上的"链接"按钮◎后的下拉列表中选择父层的层名称。

3.1.7　形状图层

形状图层是用于快速绘制矢量图形的图层，通过预设的图形可以快速地绘制出想要的形状，如矩形、圆形、多边形等，也可以通过使用"钢笔工具"绘制出其他形状的图形。

执行"图层 > 新建 > 形状图层"命令，即可新建一个形状图层。如图 3-74 所示为形状图层绘制出的图形效果。

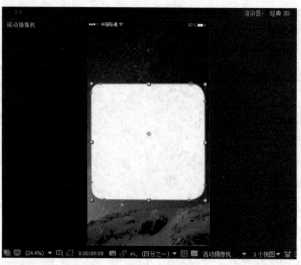

图 3-74

3.1.8　调整图层

调整图层是用于调节动画中的色彩或者特效的图层，在该层上制作效果可对该层以下所有图层应用该效果，因此调整图层对控制影片的整体色调具有很重要的作用。

执行"图层>新建>调整图层"命令，或者按快捷键 Ctrl+Alt+Y，即可新建一个调整图层，如图 3-75 所示为添加了特效的调整图层的前后效果。

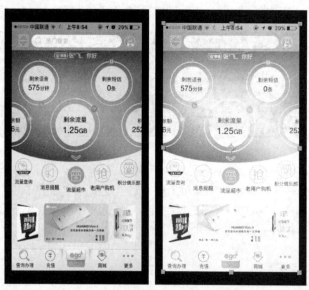

图 3-75

3.1.9　Adobe Photoshop File(Photoshop 文件层)

执行"图层 > 新建 >Adobe Photoshop 文件"命令，弹出"另存为"对话框，如图 3-76 所示。单击"保存"按钮，完成 Adobe Photoshop 文件层的新建，如图 3-77 所示。

图 3-76　　　　　　　　　　　　图 3-77

**实例
10**

制作 iOS 9 关闭后台操作动画效果

教学视频：视频 \ 第 3 章 \3-1-9.mp4　　源文件：源文件 \ 第 3 章 \3-1-9.aep

实例分析：

通过本例实现 iOS 9 关闭后台操作动画，从实际操作中进一步掌握手机交互动画制作的精髓。

01 　启动 After Effects CC，执行"合成 > 新建合成"命令，弹出"合成设置"对话框，设置如图 3-78 所示，单击"确定"按钮。双击"项目"面板，在弹出的对话框中选择需要的素材，如图 3-79 所示。

图 3-78　　　　　　　　　　　　图 3-79

02 单击"导入"按钮，将素材导入到项目中，如图 3-80 所示。将素材拖曳到"时间轴"面板中，如图 3-81 所示。

图 3-80   图 3-81

03 执行"图层 > 新建 > 纯色"命令，弹出"纯色设置"对话框，如图 3-82 所示。设置颜色值为 #737474，单击"确定"按钮，完成固态层的创建，并且调整位置，置于最底层，如图 3-83 所示。

图 3-82   图 3-83

04 选中源名称为 009.png 的图层，按快捷键 Ctrl+C，再次按快捷键 Ctrl+V，复制并粘贴该图层，设置如图 3-84 所示。将"时间轴"面板上的素材截取，如图 3-85 所示。

图 3-84

图 3-85

05 单击"图层 2"前面的三角按钮，继续单击"变换"属性前的三角按钮，展开"变换"属性，如图 3-86 所示。将时间码置于 2s 的位置，单击"位置"选项前的按钮 🕗，添加关键帧，如图 3-87 所示。

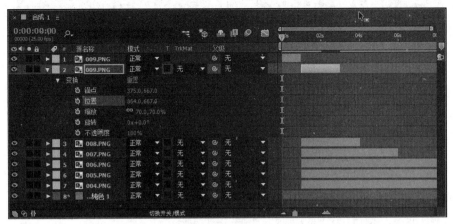

图 3-86

图 3-87

06 将时间码置于 3s 的位置，调整"位置"选项的参数，如图 3-88 所示。单击"图层 3"前面的三角按钮，继续单击"变换"属性前的三角按钮，展开"变换"属性，将时间码置于 2s 的位置，单击"位置"选项前的按钮 🕗，添加关键帧，如图 3-89 所示。

图 3-88

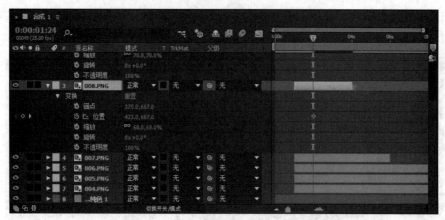

图 3-89

07 ✔ 将时间码置于图中所示的位置，调整"位置"选项的参数，如图 3-90 所示。继续将时间码置于 4s 的位置，调整"位置"选项的参数，如图 3-91 所示。

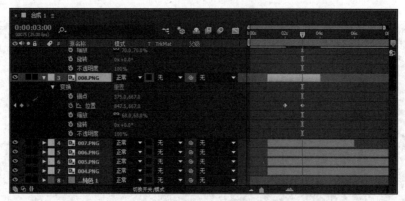

图 3-90

图 3-91

08 ✔ 将时间码置于如图 3-92 所示的位置，单击"缩放"选项前的按钮 ⊙，添加关键帧。继续将时间码置于 3s 的位置，调整"位置"选项的参数，如图 3-93 所示。

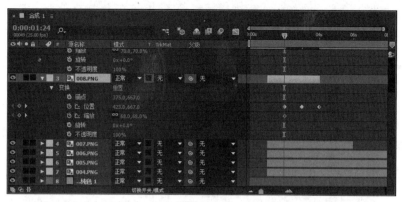

图 3-92

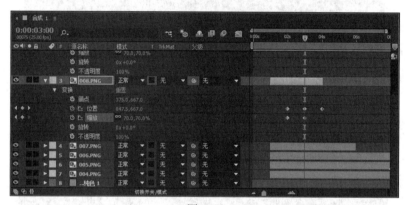

图 3-93

09 ✔　单击"图层 4"前面的三角按钮，继续单击"变换"属性前的三角按钮，展开"变换"属性，将时间码置于 2s 的位置，单击"位置"选项前的按钮，添加关键帧，如图 3-94 所示。继续将时间码置于 3s 的位置，调整"位置"选项的参数，如图 3-95 所示。

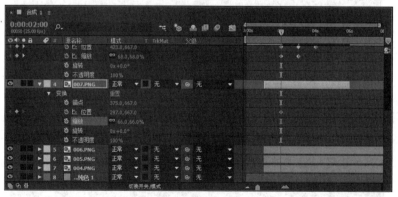

图 3-94

10 ✔　将时间码置于 4s 的位置，调整"位置"选项的参数，如图 3-96 所示。继续将时间码置于 5s 的位置，调整"位置"选项的参数，如图 3-97 所示。

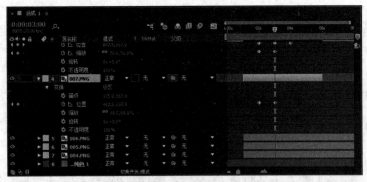

图 3-95

图 3-96

图 3-97

11 将时间码置于 2s 的位置，单击"缩放"选项前的按钮，添加关键帧，如图 3-98 所示。继续将时间码置于 3s 的位置，调整"位置"选项的参数，如图 3-99 所示。

图 3-98

图 3-99

12 将时间码置于 4s 的位置，调整"位置"选项的参数，如图 3-100 所示。使用相同的方法完成图层 5、图层 6 和图层 7 的属性参数设置，如图 3-101 所示。

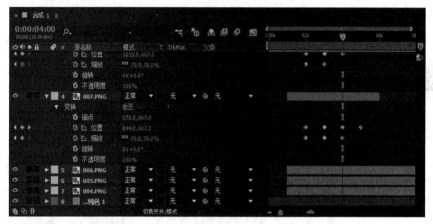

图 3-100

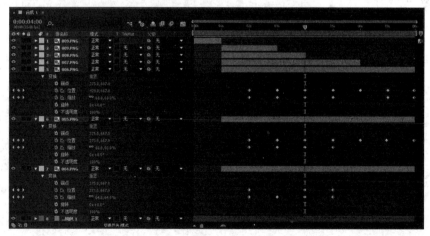

图 3-101

13 在"项目"面板中的空白处双击鼠标左键，弹出"导入文件"对话框，选择相应的素材文件，如图 3-102 所示。单击"导入"按钮，将素材导入到项目中，如图 3-103 所示。

图 3-102 　　　　　　　　　　　　　　　　　　图 3-103

14 　选中刚刚导入的素材，单击鼠标右键，在弹出的快捷菜单中选择"基于所选项新建合成"选项，如图 3-104 所示。新建合成，将合成 1 拖曳到"时间轴"面板中，如图 3-105 所示。

图 3-104 　　　　　　　　　　　　　　　　　　图 3-105

15 　完成动画的制作，选中"手机模板"合成，执行"合成＞添加到渲染队列"命令，如图 3-106 所示。对各项参数进行设置，单击"渲染"按钮，对动画进行渲染输出，如图 3-107 所示。

图 3-106

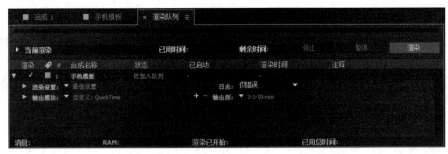

图 3-107

16 ✔　启动 Photoshop CC，如图 3-108 所示。执行"文件 > 导入 > 视频帧到图层"命令，弹出"打开"对话框，选择刚刚渲染生成的动画文件，如图 3-109 所示。

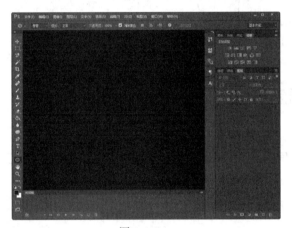

图 3-108

图 3-109

17 ✔　单击"打开"按钮，在弹出的"将视频导入图层"对话框中选择相应的选项，单击"确定"按钮，设置如图 3-110 所示。完成视频文件的导入，执行"文件 > 导出 > 存储为 Web 所有格式"命令，弹出"存储为 Web 所有格式"对话框，选择相应的选项并对其参数进行设置，如图 3-111 所示。

图 3-110　　　　　　　　　　　　　　　　　　图 3-111

18 ▼ 完成动画的制作与输出，观看其效果，如图 3-112 所示。

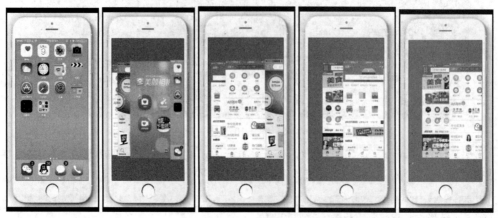

图 3-112

3.2　图层的基本操作

图层在 After Effects CC 中有着重要作用，通过对层及层上的内容进行操作才能完成动画的制作。层的基本操作包括创建层、选择层、删除层、改变层的上下顺序、复制替换层等。只有熟练地掌握了图层的基本操作，才能更好地制作作品。

3.2.1　创建层

可以通过将"项目"面板中的素材拖曳至"时间轴"面板直接生成素材层，也可以通过在"时间轴"面板中单击鼠标右键，选择需要的图层进行创建，如图 3-113 所示。

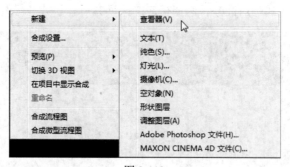

图 3-113

3.2.2　选择层

通过在层上单击鼠标左键即可选中该层，如果需要选择多个层，可以在按住 Ctrl 键或 Shift 键的情况下单击需要选择的层，也可以通过执行"编辑 > 全选"命令选择全部图层，如图 3-114 所示。

图 3-114

3.2.3　删除层

选中需要删除的层，按 Delete 键即可删除所选层，或者执行"编辑 > 清除"命令也可以实现。如图 3-115 所示。

图 3-115

3.2.4　改变层上下顺序

在"时间轴"面板中，在需要调整的层上按下鼠标左键不放进行拖动，将其拖入合适的位置即可，如图 3-116 和图 3-117 所示。在调整层的时候也可以通过快捷键控制，按快捷键 Ctrl+Shift+]，可以使选中的图层移到最上方；按快捷键 Ctrl +]，可以使选中的图层上移一层；按快捷键 Ctrl+[，可以使选中的图层下移一层；按快捷键 Ctrl+Shift+[，可以使选中的图层移到最下方。

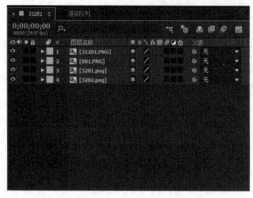 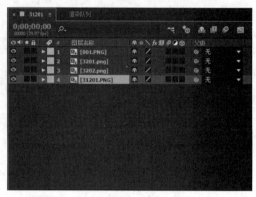

图 3-116　　　　　　　　　　　　　　　图 3-117

3.2.5　复制替换层

复制替换层包括复制层和替换层，而复制层的同时往往伴随着粘贴层，下面将针对这两种操作方式进行介绍。

复制粘贴层： 选择需要复制的层，执行"编辑 > 复制"命令或者按快捷键 Ctrl+C，复制层，选择合适的位置，执行"编辑 > 粘贴"命令或者按快捷键 Ctrl+V，粘贴层，即可将层粘贴到所选图层的上方。

替换层： 在"时间轴"面板中选择需要替换的图层，按住 Alt 键在"项目"面板中单击鼠标左键并拖曳到要替换的图层上，完成层的替换，如图 3-118 和图 3-119 所示。

图 3-118　　　　　　　　　　　　　　　图 3-119

在制作影视作品时，往往现有的素材都不是统一尺寸的，因此需要在制作的时候统一尺寸以适应影视制作的要求。

选中需要调整的图层，执行"图层 > 变换 > 适合复合"命令，或者按快捷键 Ctrl+Alt+F，即可将层完全匹配成"合成"窗口大小。

 在 After Effects CC 中，还有一个快速复制粘贴层的方法，选中需要复制的层，执行"编辑 > 副本"命令或者按快捷键 Ctrl+D，即可快速复制粘贴当前选中的层。

素材自动适合图像尺寸

教学视频：视频 \ 第 3 章 \3-2-5.mp4　　　源文件：源文件 \ 第 3 章 \3-2-5.aep

实例分析：

　　通过前面的学习掌握了图层的相关操作，接下来通过完成实例操作，进一步掌握与学习图层的操作。

01 　　打开 After Effects CC 软件，执行"合成 > 新建合成"命令，如图 3-120 所示。在弹出的"合成设置"对话框中设置各项参数，如图 3-121 所示。

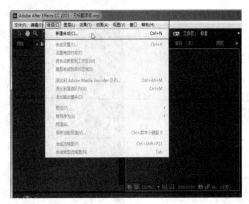
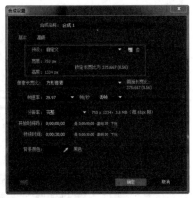

图 3-120　　　　　　　　　　　　　　　图 3-121

02 　　单击"确定"按钮，创建一个名称为"合成 1"的新合成，如图 3-122 所示。执行"文件 > 导入 > 文件"命令，弹出"导入文件"对话框，选择相应的素材，单击"导入"按钮，如图 3-123 所示。

图 3-122　　　　　　　　　　　　　　　图 3-123

03 将素材拖曳至"时间轴"面板中，如图 3-124 所示。观看"合成"窗口中的效果，如图 3-125 所示。

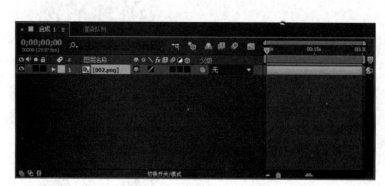

图 3-124 图 3-125

04 选中图层，单击鼠标右键，在弹出的快捷菜单中选择"变换"选项，继续选择"适合复合"选项，如图 3-126 所示。再次观看"合成"窗口中的效果，如图 3-127 所示。

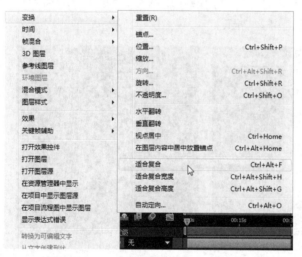

图 3-126 图 3-127

3.2.6 序列层

序列层就是将选择的多个层按照一定的排列顺序进行自动排序，并根据需要设置排序的重叠方式，也可以通过持续时间来设置重叠时间。

提示　在"图层排序"对话框中，通过不同的参数设置将产生不同的层过渡效果。Overlap 选项用于设置是否启用层重叠；Duration 选项用于设置层重叠的持续时间；Transition 选项用于设置层重叠的过渡方式。在 Transition 选项下拉列表中选择不同的选项，将产生不同的过渡效果。选择"直接过渡"选项，表示不使用任何过渡效果，直接从前素材切换到后素材；选择"前层渐隐"选项，表示前素材逐渐透明消失，后素材出现；选择"交叉渐隐"选项，表示前素材和后素材以交叉方式渐隐过渡。

3.2.7　图层与图层对齐和自动分布功能

通过"对齐"面板的设置可以调整图层的位置，执行"窗口 > 对齐"命令，打开"对齐"面板，如图 3-128 所示。

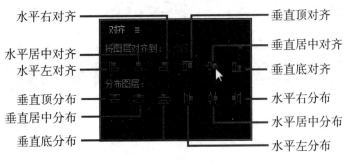

图 3-128

在对图层执行对齐操作的时候，图层是以中心点为标准对齐的，因此在对齐前调整好图层中图像或者视频的中心点是很有必要的。当需要让图层对齐或者自动分布的时候，只要选中所要对齐的图层，然后单击相应的对齐按钮即可。

3.2.8　为图层添加标记

标记功能是使用标记点记录影视制作中的一些关键部分或者需要关注的变化部分，便于以后制作过程中更容易了解和制作视频。例如，在某个重要变化点位置设置层标记，在整个创作过程中，可以快速而准确地了解某个时间位置发生了什么。在使用 After Effects 制作交互动画时也将用到标记，本节将对图层的标记进行讲解，首先要了解图层标记有两种，一种是合成时间标记，另外一种是图层时间标记。接下来分别对其进行讲述。

▶ 1. 合成时间标记

合成时间标记是在"时间轴"面板的"时间轨"上创建的。在"时间轴"面板中，单击右侧的"标记"按钮█，向左拖动到时间轨上需要标记的位置，此时标记上就会显示出数字 1，如图 3-129 所示。

图 3-129

如果需要删除标记，有如下几种方法。

(1) 选中需要删除的标记，将其拖动到右侧的"标记"按钮█上，即可将该标记删除。

(2) 在需要删除的标记上单击鼠标右键，在弹出的快捷菜单中选择"删除此标记"选项，即可删除该标记；如果在弹出的快捷菜单中选择"删除所有标记"选项，则会删除所有的标记，如图 3-130 所示。

图 3-130

（3）按住 Ctrl 键并将光标放在需要删除的标记上，当鼠标变成剪刀的形状时单击"标记"按钮，也可以删除所选的标记，如图 3-131 所示。

图 3-131

❱ 2. 图层时间标记

图层时间标记是在层上添加的标记，它在层上是以小三角形按钮显示的。在图层上添加图层时间标记的方法如下。

先选定要添加标记的图层，然后将"当前时间指示器"移动到要添加标记的位置上，执行"图层 > 添加标记"命令，为层添加标记，如图 3-132 所示。

在层标记图标上单击鼠标右键，在弹出的快捷菜单中选择"设置"选项或者双击层标记，弹出"层标记"对话框，如图 3-133 所示。通过修改"时间"文本框内的时间可以精确地设置层标记的位置。在"注释"文本框中输入说明文字可以区别不同的标记。

图 3-132

如果需要删除层标记，可以在目标标记上单击鼠标右键，在弹出的快捷菜单中选择"删除此标记"或者选择"删除所有标记"选项。如果需要移动标记，只要用鼠标拖动标记图标即可。如果需要锁定标记，只要在目标标记上单击鼠标右键，在弹出的快捷菜单中选择"锁定标记"选项即可。

图 3-133

3.3　图层的基本属性

在图层左边的小三角按钮上单击，展开"变换"选项，可以看到 5 个属性，分别是定位点、位置、缩放、旋转和不透明度，如图 3-134 所示。

图 3-134

3.3.1　锚点

"锚点"属性主要用来控制素材的中心点位置。默认情况下，中心点在层的正中央位置。按快捷键 A 可以直接打开"锚点"属性，如果需要修改定位点只需要修改"锚点"属性后的坐标参数即可，如图 3-135 所示。或者在"合成"窗口中双击素材，进入"图层"窗口，使用"选择工具"直接移动锚点即可，如图 3-136 所示。

图 3-135

图 3-136

3.3.2　位置

　　"位置"属性用来控制素材在"合成"窗口中的相对位置，按快捷键 P，可直接打开"位置"属性，如图 3-137 所示。当修改"位置"属性后的坐标参数或者在"合成"窗口中直接用"选择工具"移动位置，都是以定位点为基准进行移动，如图 3-138 所示。

图 3-137

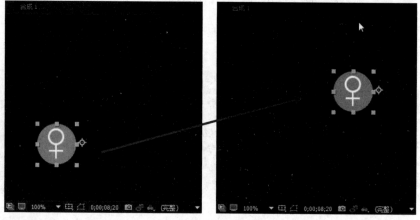

图 3-138

3.3.3　缩放

　　"缩放"属性用来控制素材的大小。选中需要调整的层，按快捷键 S，可以直接打开"缩放"属性。素材的大小同样以定位点的位置为基准，修改"缩放"属性中的参数，如图 3-139 所示。图像效果如图 3-140 所示。

图 3-139

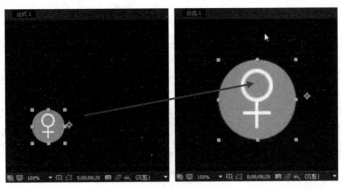

图 3-140

3.3.4　旋转

"旋转"属性是用来控制素材的旋转角度的。选中需要调整的层，按快捷键 R，可以直接打开"旋转"属性，如图 3-141 所示。素材的旋转同样以定位点的位置为基准，修改"旋转"属性中的参数或者使用"旋转工具"可以直接对素材进行旋转操作，如图 3-142 所示。

图 3-141

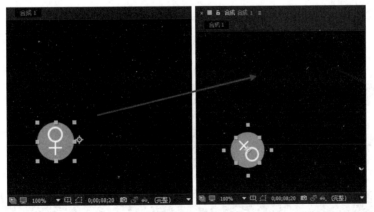

图 3-142

3.3.5　不透明度

"不透明度"属性是用来调节图层的不透明度的。当不透明度值为 0% 时，图像完全透明；当数值为 100% 时，图像完全不透明。选中需要调整的层，按快捷键 T，打开"不透明度"属性，修改"不透明度"参数可以调整图像的不透明度，如图 3-143 所示。完成修改后观看"合成"窗口中的效果，如图 3-144 所示。

图 3-143

图 3-144

3.4 图层的混合模式

在 After Effects CC 中进行合成的时候，图层之间可以通过混合模式来实现一些特殊的融合效果。当某一层使用混合模式的时候，会根据所使用的混合模式与下层图像进行相应的融合而产生特殊的合成效果。

3.4.1 图层混合模式的使用方法

在"时间轴"面板中，单击展开或折叠转移控制面板的按钮 ，在"时间轴"面板中显示出"模式"控制选项，如图 3-145 所示。在"模式"选项的下拉列表中可以设置图层的混合模式，如图 3-146 所示。

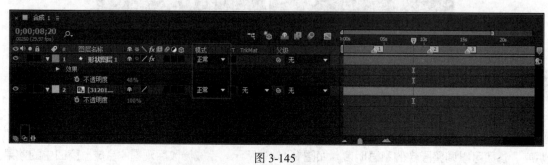

图 3-145

正常	相加	强光	相除	Alpha 添加
溶解	变亮	线性光		冷光预乘
动态抖动溶解	屏幕	亮光	色相	
		点光	饱和度	
变暗	颜色减淡	纯色混合	颜色	
相乘	经典颜色减淡		发光度	
颜色加深	线性减淡	差值		
经典颜色加深	较浅的颜色	经典差值	模板 Alpha	
线性加深		排除	模板亮度	
较深的颜色	叠加	相减	轮廓 Alpha	
	柔光	相除	轮廓亮度	

图 3-146

3.4.2　图层混合模式的类型

　　"混合模式"菜单中有如下选项：正常、溶解、动态抖动溶解、变暗、相乘、颜色加深、经典颜色加深、线性加深、较深的颜色、相加、变亮、屏幕、颜色减淡、经典颜色减淡、线性减淡、较浅的颜色、叠加、柔光、强光、线性光、亮光、点光、纯色混合、差值、经典差值、排除、相减、相除、色相、饱和度、颜色、发光度、模板 Alpha、模板亮度、轮廓 Alpha、轮廓亮度、Alpha 添加和冷光预乘。

　　在默认情况下，图层间的混合模式为"正常"，如图 3-147 所示为"正常"模式下的图像效果。

图 3-147

实例 12　制作简单的 APP 加载动画

教学视频：视频 \ 第 3 章 \3-4-2.mp4　　源文件：源文件 \ 第 3 章 \3-4-2.aep

实例分析：

　　本实例以简单的 APP 加载动画的实际操作出发，展示了交互动画制作的过程，通过本实例的学习，能够很好地掌握交互设计动画的制作。

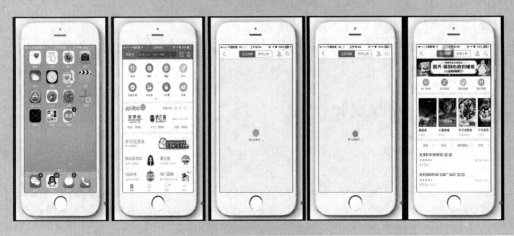

01　启动 After Effects CC，执行"合成 > 新建合成"命令，弹出"合成设置"对话框，设置如图 3-148 所示。单击"确定"按钮，双击"项目"面板，在弹出的对话框中选择需要的素材，如图 3-149 所示。

图 3-148

图 3-149

02　单击"导入"按钮，将素材导入到项目中，如图 3-150 所示。将素材拖曳到"时间轴"面板中，并调整图层位置，如图 3-151 所示。

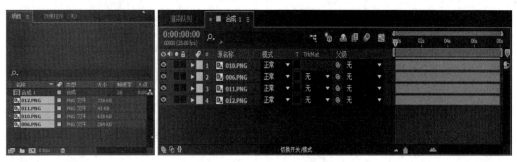

图 3-150　　　　　　　　　　　　　　　　图 3-151

03 对"时间轴"面板上的素材进行截取，如图 3-152 所示。

图 3-152

04 执行"图层 > 新建 > 形状图层"命令，如图 3-153 所示。新建形状图层，并调整其图层位置，如图 3-154 所示。

图 3-153

图 3-154

05 使用"矩形工具"绘制一个矩形，设置填充颜色值为 #0060FF，如图 3-155 所示。继续使用"椭圆工具"绘制一个椭圆，设置填充颜色值为 #26F7D7，使用"多边形工具"绘制一个五边形，设置填充颜色值为 #00FF84，如图 3-156 所示。

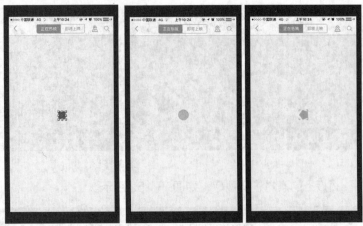

图 3-155 图 3-156

06 单击"形状图层"中矩形前的三角按钮，展开相应的"变换"属性，如图 3-157 所示。将时间码置于 2s 的位置，单击"位置"选项前的关键帧按钮图，添加关键帧，如图 3-158 所示。

图 3-157

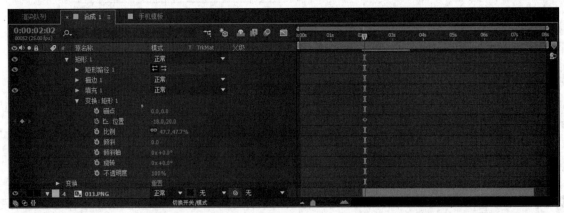

图 3-158

07 将时间码置于 2.5s 的位置，调整"位置"选项的参数，如图 3-159 所示。继续将时间码置于 3s 的位置，调整"位置"选项的参数，如图 3-160 所示。

图 3-159

图 3-160

08 将时间码置于 3.5s 的位置，调整参数，如图 3-161 所示。将时间码置于 2s 的位置，单击"旋转"选项前的关键帧按钮■，添加关键帧，如图 3-162 所示。

图 3-161

图 3-162

09 将时间码置于 3.5s 的位置，调整"旋转"选项的参数，如图 3-163 所示。使用相同的方法添加"不透明"属性关键帧，并设置相应关键帧位置的参数，如图 3-164 所示。

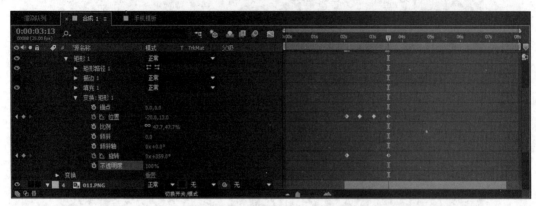

图 3-163

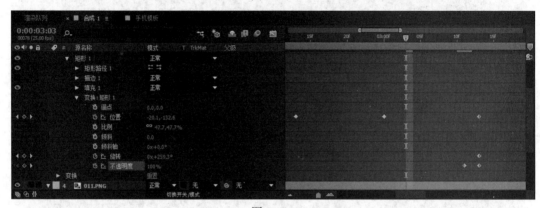

图 3-164

10 使用相同的方法，为其他两个形状添加相应属性的关键帧，并设置参数值，如图 3-165 所示。

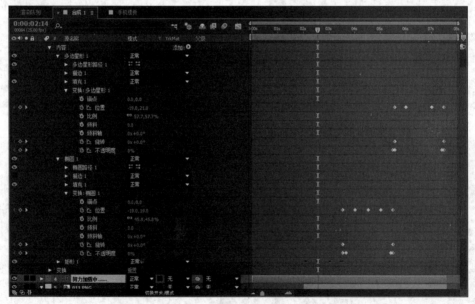

图 3-165

11 使用"横排文字工具"，在"字符"面板中设置相应的参数值，设置文字颜色值为 # 6C6B6B，如图 3-166 所示。在"合成"窗口中相应的位置单击鼠标，输入文字内容，如图 3-167 所示。

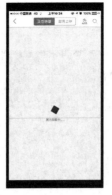

图 3-166　　　　　　　　图 3-167

12 　在"项目"面板中的空白区域双击鼠标，在弹出的"导入文件"对话框中选择相应的素材，如图 3-168 所示。单击"导入"按钮，完成素材的导入操作，如图 3-169 所示。

图 3-168　　　　　　　　　　　　　　图 3-169

13 　选中刚刚导入的素材，单击鼠标右键，在弹出的快捷菜单中选择"基于所选项新建合成"选项，如图 3-170 所示。新建合成，将"合成 1"拖曳到"时间轴"面板中，如图 3-171 所示。

图 3-170　　　　　　　　　　　　　　图 3-171

14 ✔ 完成动画的制作，选中"手机模板"合成，执行"合成 > 添加到渲染队列"命令，如图 3-172 所示。对各项参数进行设置，单击"渲染"按钮，对动画进行渲染输出，如图 3-173 所示。

图 3-172

图 3-173

15 ✔ 启动 Photoshop CC，如图 3-174 所示。执行"文件 > 导入 > 视频帧到图层"命令，弹出"打开"对话框，选择刚刚渲染生成的动画文件，如图 3-175 所示。

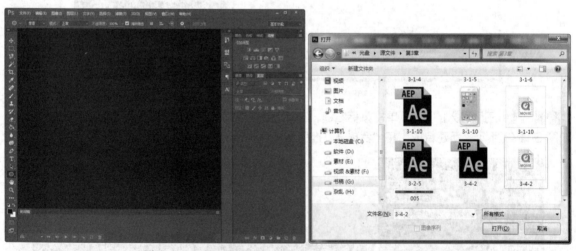

图 3-174　　　　　　　　　　　　　　　　图 3-175

16 ✔ 单击"打开"按钮，在弹出的"将视频导入图层"对话框中选择相应的选项，设置如图 3-176 所示，单击"确定"按钮，完成视频文件的导入，执行"文件 > 导出 > 存储为 Web 所有格式"命令，弹出"存储为 Web 所有格式"对话框，选择相应的选项，并对其参数进行设置，如图 3-177 所示。

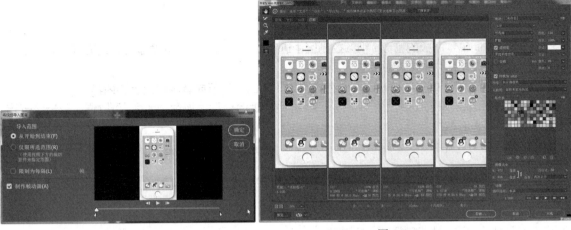

图 3-176   图 3-177

17 ❤ 单击"存储"按钮,在弹出的"将视频导入图层"对话框中选择相应的选项,完成动画的制作与输出,观看其效果,如图 3-178 所示。

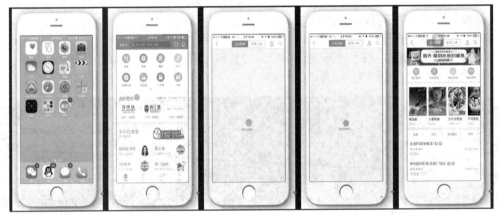

图 3-178

3.5   认识"时间轴"面板

图层是属于"时间轴"面板的,在介绍图层的时候首先要了解"时间轴"面板,熟练掌握"时间轴"面板上的各种按钮的操作也是十分必要的。"时间轴"面板是合成影片的主要操作窗口,在其中,通过对图层上的内容进行修改或者设置,可以达到想要的效果,如图 3-179 所示为"时间轴"面板。

图 3-179

3.5.1 "音频 / 视频"控制选项

通过在"时间轴"面板的音频 / 视频控制区中进行相应的操作，可以隐藏视频或音频。通过设置，可以只显示单独一个层中的内容或者锁定相应的层。

"视频"按钮 👁：单击该按钮，可以在"合成"窗口中显示或者隐藏层上的内容。

"音频"按钮 🔊：如果在层上添加了音频文件，则层上会自动添加音频图标，可以通过单击该按钮，显示或隐藏该层上的音频。

"独奏"按钮 ⬤：在层上单击该按钮，可以在"合成"窗口中只显示该层中的内容，而隐藏其他层中的内容。

"锁定"按钮 🔒：在层上单击该按钮，可以锁定或取消锁定本层内容，被锁定的层将不能够操作。

3.5.2 "图层"控制选项

在"时间轴"面板的图层控制区域可以显示标签、编号和图层名称，如图 3-180 所示。

"标签"按钮 🔲：在层上单击该按钮，可以在弹出的菜单中选择该层的标签颜色，如图 3-181 所示，改变标签的颜色，从而便于区分不同的层。

"编号"按钮 📄：显示当前层编号。

"层名称"按钮 图层名称：在层上单击该按钮就会显示"素材名称"。两者没有什么不同，不过素材名称不能更改，而层的名称则可以更改。

图 3-180

图 3-181

3.5.3 "转换面板"控制选项

在"时间轴"面板的"转换面板"控制选项包括层的隐藏、抗锯齿、帧融合、运动模糊等，如图 3-182 所示为"转换面板"控制选项。

图 3-182

"隐藏"按钮：单击"隐藏图层总开关"按钮后，单击"隐藏"按钮，可隐藏当前图层。

"栅格化"按钮：仅当层中内容为"合成"或者 AI 文件时，单击该按钮可以栅格化图层，栅格化后的图层质量会提高而且渲染速度会加快。

"质量"按钮：单击该按钮，可以在"低质量"和"高质量"这两种显示方式之间切换。

"特效"按钮：当层上应用特效后，该层上会显示该图标，单击该图标会取消特效的应用。

"帧融合"按钮：单击"帧融合总开关"按钮后，单击"帧融合"按钮，可以使影片更加柔和，通常情况下会将素材手动拖长使用。

"运动模糊"按钮：单击"运动模糊总开关"按钮后，单击"运动模糊"按钮可以使图像的运动特效具有模糊效果。

"调节层"按钮：单击该按钮会仅显示"调节层"上添加的效果，以达到调节下方图层的作用。

"3D 图层"按钮：单击该按钮可以将 2D 图层转换为 3D 图层。

"实时更新"按钮：在没有单击该按钮的情况下，在"合成"窗口中拖动素材会出现线框。单击该按钮，拖动素材则不会出现线框。

"草稿 3D"按钮：单击该按钮后，在 3D 环境中制作的时候，可以不应用 3D 环境中的阴影、摄像机等功能。

3.5.4 "模式"控制选项

在标准情况下，是不显示 Mode(模式) 控制选项的，在"时间轴"面板中单击"展开或折叠转移控制面板"按钮或者"切换开关模式"按钮 切换开关模式 ，可以在"时间轴"面板中显示"模式"控制选项，如图 3-183 所示。

模式：用于设置图层的叠加模式。

透明度：用于设置是否保留不透明度。

轨道遮罩：用于设置轨迹蒙版类型，如图 3-184 所示。

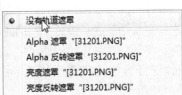

图 3-183　　　　　　　　　　　　　　　图 3-184

3.5.5 Parent(父子链接)控制选项

父子链接是让层与层之间建立从属关系的一种功能,当对父对象进行操作的时候,子对象也会执行相应的操作,但子对象执行操作的时候父对象不会发生变化。

在"时间轴"面板中有两种设置父子链接的方式。一种是拖动一个层的图标到目标层,这样原层就成为目标层的父对象;另一种方法是在该选项的下拉列表中选择一个层作为对象。

3.5.6 "时间拉伸"控制选项

"时间轴"面板左下角的"时间拉伸"按钮,主要用于控制层的入点/出点、速度和关键帧等属性。单击该按钮,将在"时间轴"面板中显示"时间拉伸"的各个控制选项,如图 3-185 所示。

图 3-185

3.6 创建时间轴特效

在 After Effects CC 中,所有的动画都要基于"时间轴"面板来完成的,无论是动画制作还是特效的生成都是空间与时间结合的艺术。通过改变物体在某一时刻的属性,例如延长、缩短、颠倒和停顿某一特定镜头的时间。使用时间线制作特效动画作品的时候需要特别注意对时间的把握,只有准确而恰当地利用好时间,才能制作出完美的时间线特效。

利用时间线特效制作出的动画作品不光能够模仿现实生活中的效果,而且可以实现在生活中所不能达到的效果,如颠倒时间、时光倒流、时间停止等在电影电视中常见的效果。有时,简单的一段视频通过时间线特效的处理往往能够达到非常生动有趣的效果。

3.6.1 颠倒时间

视频节目中有时会出现时光倒流的特殊效果,在 After Effects CC 中,通过颠倒时间的方式就可以轻松实现,通过这种方法也可以实现很多其他效果,如粒子汇聚成图像、影片重复播放等。

在进行交互动画的制作时,颠倒时间较为少见,所以此处只简单了解颠倒时间的操作步骤。

首先,将素材文件导入到项目中,并将其拖曳到"时间轴"面板上,完成动画的设置后单击"时间轴"面板左下角的按钮 ,展开时间"伸展"属性,此时就可以在此处设置"伸缩"选项下的参数值,如图 3-186 所示。

图 3-186

3.6.2　使用入点和出点控制面板

使用"入点"和"出点"可以很容易地控制动画的播放起始点，通过修改"入点"和"出点"位置也可以控制影片的时间长短。

打开 After Effects CC 软件，执行"文件 > 导入 > 文件"命令，弹出"导入文件"对话框，选中需要导入的素材，如图 3-187 所示。单击"导入"按钮，完成素材的导入，如图 3-188 所示。

图 3-187

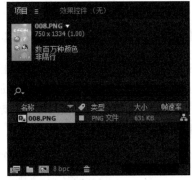

图 3-188

选中导入的素材并单击鼠标右键，在弹出的快捷菜单中选择"基于所选项新建合成"选项，新建一个合成，如图 3-189 所示。在"时间轴"面板中单击"扩展或伸缩面面板"按钮，如图 3-190 所示。

图 3-189

图 3-190

在"入"和"出"选项处可以设置相应的入点值和出点值，以此控制动画的播放时间点和结束时间点。

3.6.3 应用重置时间命令

时间重置命令可以改变视频的播放速度，在不影响视频内容的情况下加快或者减慢视频的播放速度。

继续上面的操作，执行"图层 > 时间 > 启用时间重映射"命令或按快捷键 Ctrl+Alt+T，如图 3-191 所示。此命令可以将关键帧从新定位。

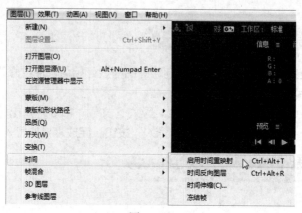

图 3-191

3.6.4 倒退播放

倒退播放的效果类似于时间颠倒，倒退播放是通过对图层进行反转播放达到目的的，而时间颠倒也是通过颠倒图层前后顺序实现倒退播放的。

执行"图层 > 时间 > 时间反向图层"命令或按快捷键 Ctrl+Alt+R，如图 3-192 所示。完成此命令后动画的播放将被反转。

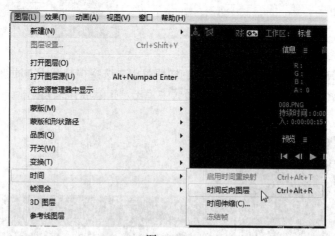

图 3-192

3.6.5 延长时间

在动画中有时为了给某一个动作特写，往往会通过延长时间的方式让动作变得缓慢，或者影片的节奏太快想要放慢速度播放时也可以通过延长时间实现。

执行"图层>时间>时间伸缩"命令，如图3-193所示。完成此命令后，动画的播放时间将会被延长。

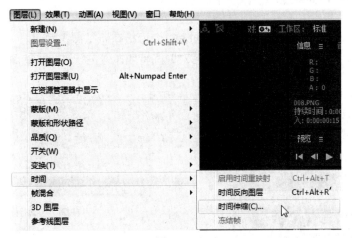

图 3-193

3.6.6　停止时间

在动画制作过程中，有时需要从视频中截取出想要的画面，通过对视频进行停止时间的处理，可以轻松达到这一目的。

执行"图层 > 时间 > 冻结帧"命令，如图 3-194 所示。完成此命令后动画的播放时间将会被停止。

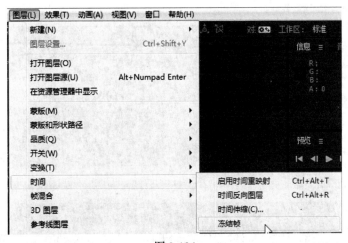

图 3-194

3.7　本章小结

本章主要介绍了图层和"时间轴"面板，通过对各种类型图层和"时间轴"面板的描述，向读者详细介绍了它们的功能和作用。通过简单的实例生动地展示了动画制作中所需的知识，让读者更加容易掌握新知识。通过时间线特效的应用会更容易把握动画制作中的时间控制，结合合成中对素材调整的空间感觉，会更容易制作出精美的动画作品。时间线特效是平时比较常用的特效，熟练掌握时间线特效对于动画制作有很大帮助。

3.8 课后练习

完成本章的学习后，读者已经对图层和"时间轴"面板有所掌握，同时对"时间轴"面板上的时间特效实现已经有所了解，接下来通过课后练习对时间特效操作进行进一步的深入了解和掌握。

实战

对时间特效的操作
教学视频：视频 \ 第 3 章 \3-8.mp4　　源文件：无

01 启动 After Effects，新建合成，并在"合成设置"对话框中设置相应的参数。

02 在"项目"面板中双击鼠标，在弹出的"导入文件"对话框中选择相应的源文件。

03 将素材拖曳到"时间轴"面板中。

04 在"时间轴"面板的左下角单击"展开或折叠（入点 \ 出点 \ 持续时间）"按钮，在相应的位置设置时间参数。

第 4 章　制作关键帧动画

在 After Effects CC 软件中制作动画时，首先要制作能表现出主要意图的关键动作，这些关键动作所在的帧就叫作动画关键帧。制作关键帧动画是 After Effects 制作项目文件的主要内容之一。

关键帧的概念来源于传统的卡通制作，早在计算机制作动画以前的卡通设计中，就开始设计卡通片中的关键画面和中间的画面，在计算机制作动画时，中间的画面由计算机生成，中间的动画即中间帧，而关键画面就是现在的关键帧，所有影响动画的参数都可以被设置成关键帧的参数，例如位移、旋转和缩放等。

本章知识点

- ✔ 掌握如何创建关键帧
- ✔ 掌握如何选择、移动和复制关键帧
- ✔ 掌握如何删除关键帧
- ✔ 利用关键帧属性制作相应的动画
- ✔ 掌握关键帧在交互动画制作中的使用

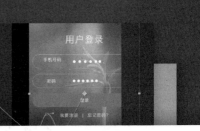

4.1　关键帧的概念与基本操作

在使用 After Effects 制作关键帧动画的过程中，通常需要对关键帧进行一系列的编辑操作，本节将详细介绍创建关键帧、选择关键帧、移动关键帧、复制关键帧和删除关键帧的方法和技巧。

4.1.1　什么是关键帧

关键帧动画是场景中有运动变化和属性变化的实体的动画，其原理是记录序列中较为关键的动画帧的物理形态，两个关键帧之间的其他帧可以用各种插值计算方法得到，从而达到比较流畅的效果。

关键帧是组成动画的基本元素，关键帧的应用是制作动画的基础和关键，关键帧动画至少要通过两个关键帧来完成，在 After Effects CC 中，所有动画效果的制作基本上都与关键帧有关联。

那么，动画效果是如何产生的呢？在 After Effects 中，通过关键帧创建和控制动画，当对时间轴上某个图层的某个参数值添加一个关键帧时，表示当前层在当前时间确定了一个固定的参数值，通过至少两个这样不同的关键帧，就会在这些关键帧之间产生参数值变化，从而影响到画面的变化，这样就产生了动画效果。

一个关键帧会包括以下信息内容。

- 参数的属性，指的是层中的哪个属性发生变化。
- 时间，指的是在哪个时间点确定的关键帧。
- 参数值，指的是当前时间点参数的数值是多少。

- 关键帧类型，关键帧之间是线性还是曲线。
- 关键帧速率，关键帧之间是什么样的变化速率。

4.1.2 创建关键帧

在 After Effects 中，基本上每一种特效或属性都有一个对应的码表，如果用户想要创建关键帧，可以将该属性左侧的码表按钮激活，这样，在"时间轴"面板中的"当前时间指示器"位置将会创建一个关键帧，取消码表的激活状态，将取消该属性所有的关键帧。

实例 13 交互动画制作中如何创建关键帧
教学视频：视频\第 4 章\4-1-2.mp4　　源文件：无

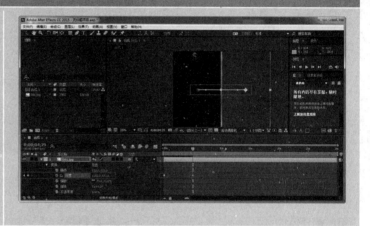

实例分析：
在交互动画制作的过程中，关键帧的使用是比较重要的，通过本实例来掌握关键帧的创建操作。

01 启动 After Effects CC 软件，执行"合成 > 新建合成"命令，弹出"合成设置"对话框，设置如图 4-1 所示，单击"确定"按钮。双击"项目"面板，在弹出的对话框中选择相应的素材，如图 4-2 所示。

图 4-1

图 4-2

02 单击"导入"按钮，在"项目"面板中选择刚导入的素材，将其拖曳至"时间轴"面板中，选择要添加关键帧的层，展开层列表，单击"位置"左侧的码表按钮，将其激活，如图 4-3 所示。

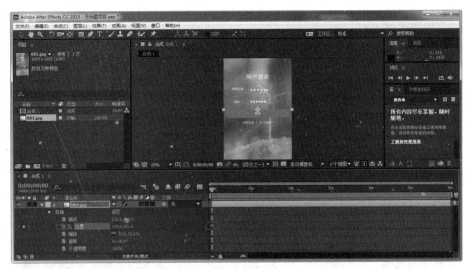

图 4-3

03 将"当前时间指示器"调整到需要的位置后，单击该属性左侧的"在当前时间添加或移除关键帧"按钮，此时就在所需位置添加了一个关键帧，如图 4-4 所示。

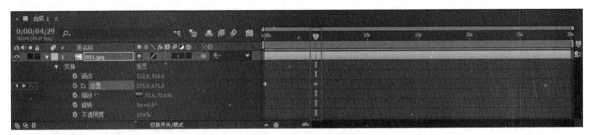

图 4-4

04 此时即可在"时间轴"面板中修改该关键帧上的参数，如图 4-5 所示。

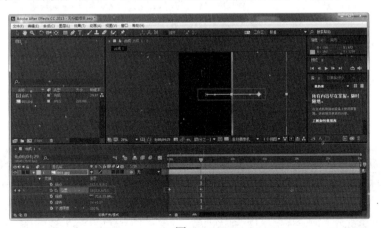

图 4-5

提示

通过上述方法创建关键帧，可以保持属性的参数不变，还可以修改属性的参数，同时也在当前时间创建关键帧，方法是：在码表处于激活状态时，将时间指示器调整到需要的位置，修改该属性的值，即可修改该属性的参数，同时也在当前时间创建了一个关键帧。

4.1.3 选择关键帧

在创建关键帧后，有时还需要对其进行修改操作，这时就需要重新编辑关键帧，而编辑首先要选择关键帧。

关键帧的选择针对不同的需要有多种方式，下面分别进行介绍。

在"时间轴"面板中，直接单击某个关键帧的图标，关键帧将显示为蓝色，表示已经选择关键帧，如图 4-6 所示。

在"时间轴"面板中，在关键帧位置的空白处单击并拖动出一个矩形框，则在矩形框内的关键帧都将被选中，如图 4-7 所示。

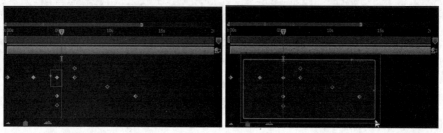

图 4-6   图 4-7

对于关键帧存在的某个属性，单击属性名称，即可将这个属性中的关键帧全部选择，如图 4-8 所示。

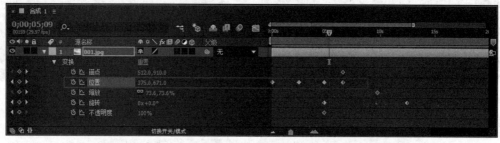

图 4-8

配合 Shift 键可以同时选择多个关键帧，即按住 Shift 键不放，在多个关键帧上单击，可以同时选择多个关键帧，如图 4-9 所示。而对于已选择的关键帧，按住 Shift 键不放再次单击，则可以取消选择。

当创建关键帧动画后，在"合成"窗口中可以看到一条线，并在线上出现控制点，这些控制点对应属性的关键帧，只要单击这些控制点，即可选中该点对应的关键帧。选中的控制点将以实心的方块显示，没有被选中的控制点将以空心的方块显示，如图 4-10 所示。

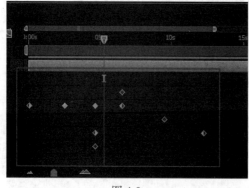

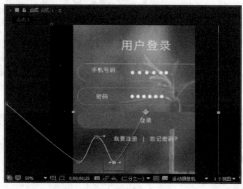

图 4-9   图 4-10

关键帧不但可以显示为方形，还可以显示为阿拉伯数字，在"时间轴"面板中单击右上角的按钮▤，在弹出的菜单中选择"使用关键帧索引"选项，可以将关键帧以阿拉伯数字形式显示，两种显示效果如图 4-11 所示。

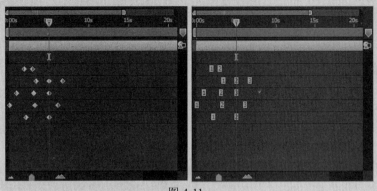

图 4-11

4.1.4　移动关键帧

在 After Effects 中，为了更好地控制动画效果，关键帧的位置是可以随意移动的，可以单独移动一个关键帧，也可以同时移动多个关键帧。

如果想要移动单个关键帧，可以选中需要移动的关键帧，按住鼠标左键拖动关键帧到需要的位置，这样就可以移动关键帧，移动过程如图 4-12 所示。

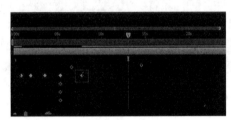
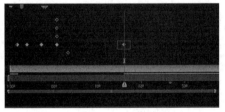

单击选中关键帧　　　　　　　　　　　　拖动关键帧至合适的位置

图 4-12

如果想要移动多个关键帧，可以按住 Shift 键，单击鼠标选中需要移动的多个关键帧，然后将其拖动至目标位置即可，移动过程如图 4-13 所示。

选中多个关键帧　　　　　　　　　　　　拖动至合适的位置

图 4-13

提示

在移动关键帧之前，通常要先移动"当前时间指示器"，在移动时，可以先将其移动到大致的位置，然后按 Page Up(向前) 键或 Page Down(向后) 键逐帧细调，或者将"时间轴"面板放大，显示局部，增加准确性，也可以直接在"时间轴"面板左上角单击时码区，并输入精确的时间，将"当前时间指示器"移动到指定的位置。

4.1.5　复制关键帧

在 After Effects 中进行合成制作时，经常需要重复设置参数，因此需要对关键帧进行复制粘贴的操作，这样可以大大提高创作效率，避免一些重复性的操作。

交互动画制作中的关键帧复制

教学视频：视频 \ 第 4 章 \4-1-5.mp4　　源文件：无

实例分析：

复制关键帧在进行交互动画制作的时候可以节省操作时间，提高工作效率，在本实例中对如何复制关键帧进行操作性的演练，跟随实例的操作，对复制关键帧的操作进行掌握。

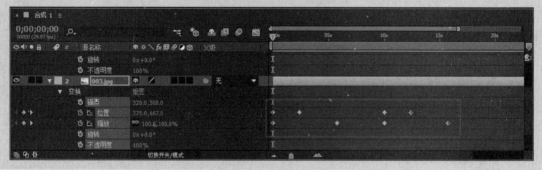

01 启动 After Effects CC，执行"合成 > 新建合成"命令，弹出"合成设置"对话框，设置如图 4-14 所示，单击"确定"按钮。双击"项目"面板，在弹出的对话框中选择相应的素材，如图 4-15 所示。

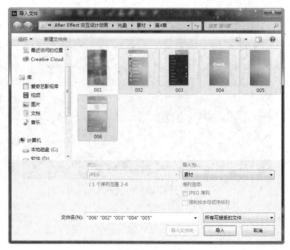

图 4-14　　　　　　　　　　　　　　　　　　图 4-15

02 单击"打开"按钮，将素材导入到"项目"面板中，如图 4-16 所示。选择刚导入的素材，将其拖曳至"时间轴"面板中，如图 4-17 所示。

图 4-16　　　　　　　　　　　　　　　　图 4-17

03 分别在第一个层的"位置"和"缩放"属性上创建多个关键帧，并选中创建的关键帧，如图 4-18 所示。选中所创建的所有关键帧，执行"编辑 > 复制"命令，或者按快捷键 Ctrl+C，将选中的关键帧复制，拖动"当前时间指示器"移至 10s 的位置，如图 4-19 所示。

图 4-18

图 4-19

04 执行"编辑 > 粘贴"命令，或者按快捷键 Ctrl+V，将复制的关键帧粘贴，这样即可将关键帧粘贴到以"当前时间指示器"为开始的位置，如图 4-20 所示。

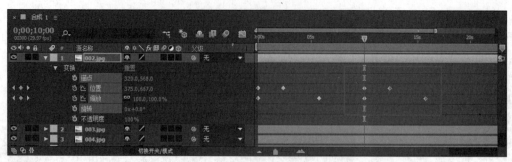

图 4-20

05 展开第二个层的列表，使用相同的操作方法，可以将第一个图层中的所有关键帧复制到第二个层相同属性的相应位置，如图 4-21 所示。

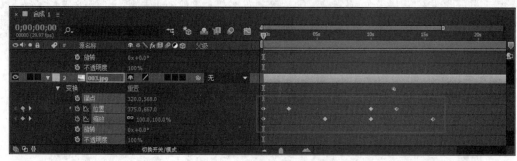

图 4-21

相互之间可以进行复制的属性包括：位置、轴心点、定位点、旋转、效果角度控制、效果滑动控制和效果的色彩属性。从第一个层的某个属性上复制关键帧，到第二个层上粘贴时，如果只单击第二个层，则默认会粘贴到相同的属性上，只有选择了其他属性时，才能将关键帧粘贴到该属性上。

4.1.6 删除关键帧

在制作项目文件的过程中，有时需要将多余的或者不需要的关键帧进行删除，删除关键帧的方法很简单。选中多余的单个或多个关键帧，执行"编辑 > 清除"命令，即可将选中的关键帧删除。

也可以选中多余的关键帧，直接按键盘上的 Delete 键，即可将所选中的关键帧删除；还可以将"当前时间指示器"调整到需要删除的关键帧位置，可以看到该属性左侧的"在当前时间添加或移除关键帧"按钮呈蓝色的激活状态，如图 4-22 所示。单击该按钮，即可将当前时间的关键帧删除。

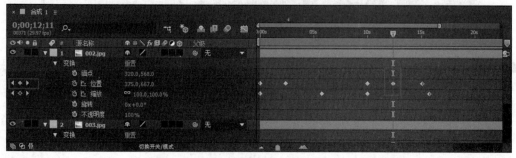

图 4-22

但是这种方法一次只能删除一个关键帧，如果想要删除某个属性的所有关键帧，则单击属性的名称，选中全部关键帧，然后按 Delete 键即可将其全部删除；取消码表的激活状态，也可以删除该属性的所有关键帧。

4.2　制作图层属性动画

通过 After Effects "时间轴"面板中的"变换"选项，可以根据不同属性的参数值制作出丰富的动画效果。

4.2.1　变换选项

"变换"选项设置是 After Effects 中最基本的图层参数设置。在"时间轴"面板中，打开层效果面板，单击展开"变换"选项，可以看到该选项下所包括的 5 个属性，分别是锚点、位置、缩放、旋转和不透明度，如图 4-23 所示。

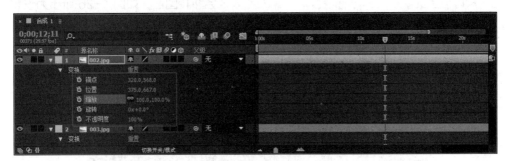

图 4-23

▶ 1. 锚点

"锚点"可以控制素材的轴心位置。锚点的坐标相对于层窗口，不是相对于"合成"窗口，锚点是对象进行旋转或缩放等设置的坐标中心点，默认情况下为对象的中心点，如图 4-24 所示为设置了不同的"锚点"的对比效果。

图 4-24

▶ 2. 位置

"位置"可以控制素材的位置，在"合成"窗口中会以运动路径的形式表示对象的移动状态。可以通过输入数值来调节，也可以通过在"合成"窗口中手动移动来调节，如图 4-25 所示为设置了不同的"位置"的对比效果。

图 4-25

3. 缩放

"缩放"是以轴心点为基准，为对象进行大小缩放，并可以改变其比例尺寸，也可以通过输入数值或拖动对象边框上的手柄对其进行设置，若输入负值则会翻转图层，如图 4-26 所示为设置了不同的"缩放"的对比效果。

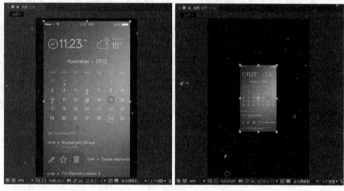

图 4-26

4. 旋转

"旋转"是以轴心点为基准，为对象进行旋转，改变其角度。当超过 360° 时，系统以旋转一圈来标记已旋转的角度，同样也可以通过输入数值或手动进行旋转设置，如图 4-27 所示为设置了不同的"旋转"的对比效果。

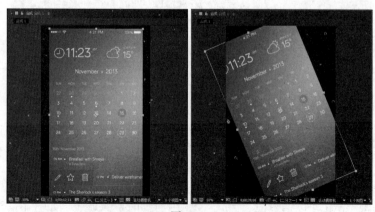

图 4-27

❱❱ 5. 不透明度

"不透明度"是控制对象透出底层图像的参数设置，可以为对象设置透出下一个固态层图像的效果。当数值为 100% 时，图像完全不透明，遮住下面的层；当数值为 0% 时，图像完全透明，完全显示下面的层，如图 4-28 所示为设置了不同的"不透明度"的对比效果。

图 4-28

提示

在制作项目的过程中，会经常对"变换"选项中的参数进行设置，使用较频繁。在 After Effects 中提供了快捷的显示方法，只要选中层，按相应快捷键即可显示相应的属性，按快捷键 A，显示"轴心点"属性；按快捷键 P，显示"位置"属性；按快捷键 S，显示"缩放"属性；按快捷键 R，显示"旋转"属性；按快捷键 T，显示"不透明度"属性。

4.2.2 位移关键帧动画

通过对"变换"选项下"位移"属性的参数进行设置，能够制作出图层位移关键帧的动画效果，下面通过一个实例详细介绍图层位移关键帧动画的制作方法。

实例 15 交互动画制作中的位移关键帧
教学视频：视频 \ 第 4 章 \4-2-2.mp4　　源文件：无

实例分析：

对关键帧进行位移操作，将原本静态的画面变为动态，实现动画的效果，这是最基本的动画制作技术，通过本实例进行相应的操作，学习这一技能，并达到完全掌握。

01 启动 After Effects CC，执行"合成 > 新建合成"命令，弹出"合成设置"对话框，设置如图 4-29 所示，单击"确定"按钮。双击"项目"面板，在弹出的对话框中选择需要导入的素材，如图 4-30 所示。

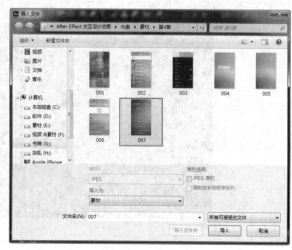

图 4-29　　　　　　　　　　　　　　　　　　图 4-30

02 单击"导入"按钮，将素材导入到"项目"面板中，如图 4-31 所示。在"项目"面板中选中素材，将其拖曳至"时间轴"面板中，如图 4-32 所示。

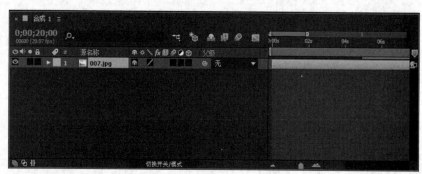

图 4-31　　　　　　　　　　　　　　　　　　图 4-32

03 在"时间轴"面板中选中需要创建位移关键帧动画的图层，按 P 键展开图层的"位置"属性，将"当前时间指示器"移至 00s 的位置，单击"位置"属性左侧的码表按钮，创建关键帧，记录第一个关键帧，如图 4-33 所示。

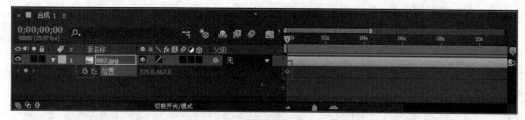

图 4-33

04 把"当前时间指示器"移至 05s 的位置，设置"位置"为 552.0、1272.0，记录第二个关键帧，如图 4-34 所示。

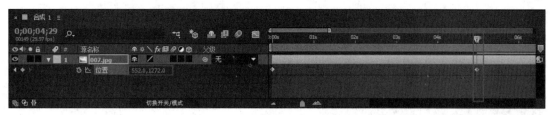

图 4-34

05 完成图层位移关键帧动画的制作，单击"预览"面板中的"播放 / 暂停"按钮，即可看到图层位移动画效果，如图 4-35 所示。

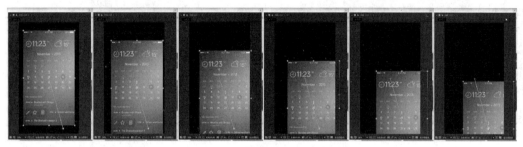

图 4-35

提示　如果要在显示变化属性的同时自动添加关键帧，可以配合 Alt+Shift 键和显示属性的快捷键，例如选中图层后，按快捷键 Alt+Shift+P，可以在显示位置属性的同时，在当前位置添加一个关键帧。

4.2.3　缩放关键帧

通过对"变换"选项下"缩放"属性的参数进行设置，能够制作出图层缩放关键帧的动画效果，下面通过一个实例详细介绍图层缩放关键帧动画的制作方法。

实例 16　**制作缩放关键帧动画**
教学视频：视频 \ 第 4 章 \4-2-3.mp4　　　源文件：源文件 \ 第 4 章 \4-2-3.aep

实例分析：
对关键帧进行缩放操作，也可以将原本静态的画面变为动态，实现动画的效果，这也是最基本的动画制作技术，通过对本实例进行相应的操作学习这一技能并完全掌握。

01 启动 After Effects CC，执行"合成 > 新建合成"命令，弹出"合成设置"对话框，设置如图 4-36 所示，单击"确定"按钮。双击"项目"面板，在弹出的对话框中选择需要导入的素材，如图 4-37 所示。

图 4-36　　　　　　　　　　　　　　　　　　　图 4-37

02 单击"导入"按钮，将素材导入到"项目"面板中，如图 4-38 所示。在"项目"面板中选中素材，将其拖曳至"时间轴"面板中，如图 4-39 所示。

图 4-38　　　　　　　　　　　　　　　　　图 4-39

03 在"时间轴"面板中选中需要创建缩放关键帧动画的图层，按快捷键 S，展开图层的"缩放"属性，将"当前时间指示器"移至 00s 的位置，单击"缩放"属性左侧的码表按钮，创建关键帧，记录第一个关键帧，如图 4-40 所示。

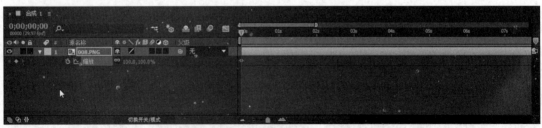

图 4-40

04 把"当前时间指示器"移至 05s 的位置，设置"缩放"为 160.0、160.0%，记录第二个关键帧，如图 4-41 所示。

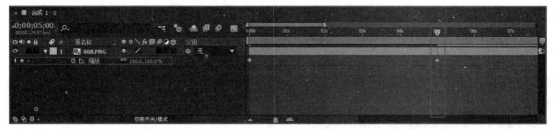

图 4-41

05 完成图层缩放关键帧动画的制作，单击"预览"面板中的"播放 / 暂停"按钮▶，即可看到图层缩放动画效果，如图 4-42 所示。

图 4-42

4.2.4 翻转关键帧

如果对"变换"选项下"缩放"属性的参数进行不一样的设置，还可以制作出翻转关键帧的动画效果，下面将通过一个实例介绍通过设置图层"缩放"属性的参数，从而制作出图层翻转动画的效果。

实例 17

交互动画制作中的翻转关键帧
教学视频：视频 \ 第 4 章 \4-2-4.mp4 · 源文件：源文件 \ 第 4 章 \4-2-4.aep

实例分析：
　　在交互动画制作中，关键帧是不可或缺的一部分，所以要对关键帧进行精心制作。After Effects CC 中关键帧动画的制作是通过位移、旋转和缩放特效来完成的，下面将通过对翻转关键帧的简单运用来制作动画。本实例通过操作关键帧的翻转，以及使用其他属性进行配合的方式制作简单的动画效果。

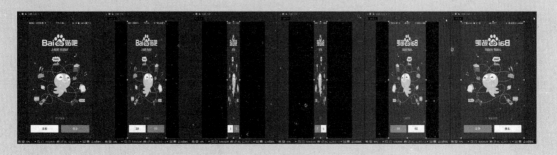

01 ✔ 打开源文件 4-2-3.aep，在"时间轴"面板中选中需要创建翻转关键帧动画的图层，按快捷键 S，展开图层的"缩放"属性，将"当前时间指示器"移至 00s 的位置，单击"缩放"属性左侧的码表按钮 ，创建关键帧，记录第一个关键帧，如图 4-43 所示。

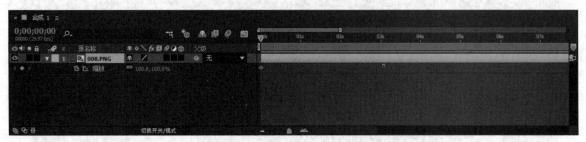

图 4-43

02 ✔ 单击 按钮，解除等比例缩放，把"当前时间指示器"移至 05s 的位置，设置"缩放"为 -100.0、100.0%，水平翻转图层，记录第二个关键帧，如图 4-44 所示。

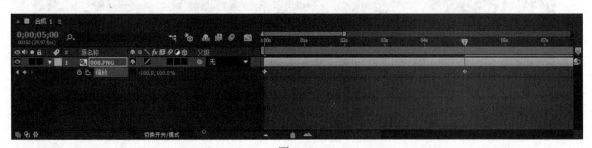

图 4-44

03 ✔ 完成图层翻转关键帧动画的制作，单击"预览"面板中的"播放/暂停"按钮 ，即可看到图层翻转动画效果，如图 4-45 所示。

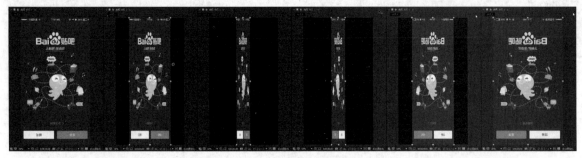

图 4-45

4.2.5　旋转关键帧

通过对"变换"选项下"旋转"属性的参数进行设置，能够制作出图层旋转关键帧的动画效果，下面通过一个实例介绍图层旋转关键帧动画的制作方法。

实例 18 交互动画制作中的旋转关键帧

教学视频：视频 \ 第 4 章 \4-2-5.mp4　　源文件：源文件 \ 第 4 章 \4-2-5.aep

实例分析：

　　旋转关键帧也是交互设计动画制作中比较常见的一种制作方法，通过对关键帧进行旋转，实现原本静态的画面成为动态画面，通过本实例的操作进行详细的介绍。

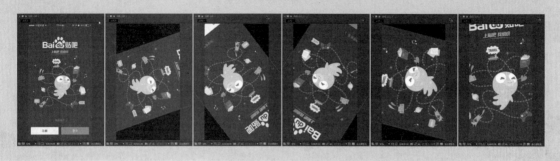

01 ▾　　打开源文件 4-2-3.aep，在"时间轴"面板中选中需要创建旋转关键帧动画的图层，按快捷键 R，展开图层的"旋转"属性，将"当前时间指示器"移至 00s 的位置，单击"旋转"属性左侧的码表按钮，创建关键帧，记录第一个关键帧，如图 4-46 所示。

图 4-46

02 ▾　　把"当前时间指示器"移至 05s 的位置，设置"旋转"为 0、355.0°，记录第二个关键帧，如图 4-47 所示。

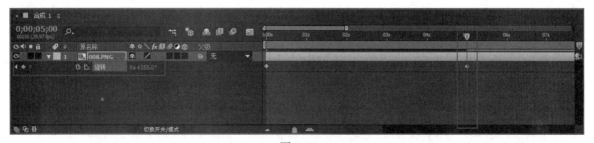

图 4-47

03 ▾　　完成图层旋转关键帧动画的制作，单击"预览"面板中的"播放 / 暂停"按钮，即可看到图层旋转动画效果，如图 4-48 所示。

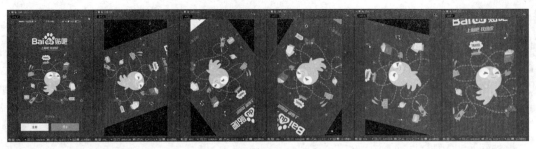

图 4-48

4.2.6 淡入淡出动画

通过对"变换"选项下"不透明度"属性的参数进行设置，能够制作出图层淡入淡出的动画效果，下面通过一个实例介绍图层淡入淡出动画的制作方法。

实例 19 制作交互动画中的淡入淡出效果
教学视频：视频 \ 第 4 章 \4-2-6.mp4   源文件：源文件 \ 第 4 章 \4-2-6.aep

实例分析：

淡入淡出动画是动画制作中常见的一种效果，接下来通过本实例的操作掌握如何制作动画的淡入淡出效果。

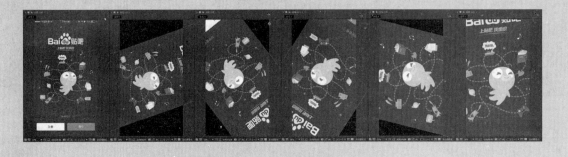

01 打开源文件 4-2-5.aep，在"时间轴"面板中打开"变换"属性，将所有关键帧向后移动 1s，如图 4-49 所示。

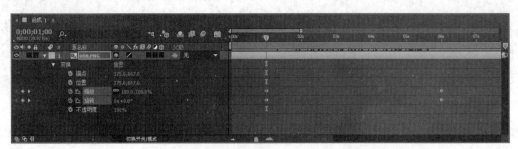

图 4-49

02 在"时间轴"面板中选中需要创建淡入淡出关键帧动画的图层，按快捷键 T，展开图层的"不透明度"属性，将"当前时间指示器"移至 00s 的位置，设置"不透明度"为 0%，单击"不透明度"属性左侧的码表按钮，创建关键帧，记录第一个关键帧，如图 4-50 所示。

图 4-50

03 把"当前时间指示器"移至 01s 的位置，设置"不透明度"为 100%，记录第二个关键帧，如图 4-51 所示。

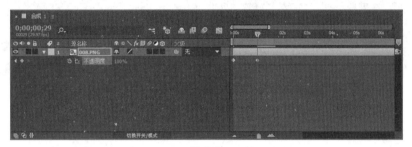

图 4-51

04 把"当前时间指示器"移至 06s 的位置，设置"不透明度"为 0%，记录第三个关键帧，如图 4-52 所示。

图 4-52

05 完成图层淡入淡出动画的制作，单击"预览"面板中的"播放/暂停"按钮▶，即可看到图层淡入淡出的动画效果，如图 4-53 所示。

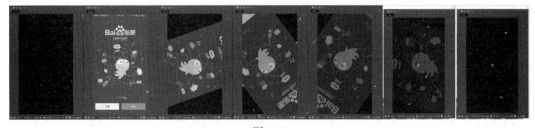

图 4-53

4.3　使用曲线编辑器

曲线编辑器是 After Effects CC 在整合了以往版本的速率图表的基础上，提供的更强大、更丰富的动画控制全新功能模块，使用该功能，可以更方便地查看和操作属性值、关键帧、关键帧插值和速率等。

单击"时间轴"面板上的"图标编辑器"按钮■，即可将时间轴右侧部分的关键帧编辑器切换为曲线编辑器的显示状态，如图 4-54 所示。

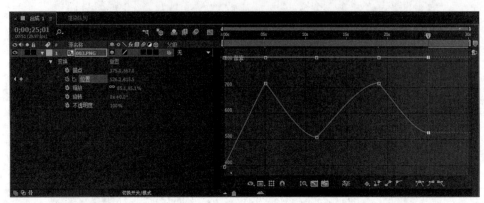

图 4-54

 提示　曲线编辑器主要是以曲线的形式显示所用效果和动画的变化情况。曲线的显示包括两方面的信息，一方面是数值图形，显示的是当前属性的数值；另一方面是速度图形，显示的是当前属性数值速度变化的情况。

4.4　制作 APP 常用手势动画

在交互动画中，手势动画是比较常见的一种动画效果，在本节中将通过实例介绍交互手势动画的制作方法。

 实例 20　常见的手势 APP 动画
教学视频：视频 \ 第 4 章 \4-4.mp4　　源文件：源文件 \ 第 4 章 \4-4.aep

实例分析：

在交互设计中人机交互主要是通过手势，在目前市场上的 APP 软件中，大部分主要以手势的交互为核心，本实例以简单的解锁界面的手势交互为例，带领读者走进 APP 手势交互动画制作的领域。

01 　启动 After Effects CC，执行"合成＞新建合成"命令，弹出"合成设置"对话框，设置如图 4-55 所示，单击"确定"按钮。双击"项目"面板，在弹出的对话框中选择需要的素材，如图 4-56 所示。

图 4-55　　　　　　　　　　　　　　　　图 4-56

02 　单击"导入"按钮，将素材导入到项目中，如图 4-57 所示。将素材拖曳到"时间轴"面板中，如图 4-58 所示。

图 4-57　　　　　　　　　　　　　　　　图 4-58

03 　单击"图层 3"前的三角按钮，继续单击"变换"属性前的三角按钮，如图 4-59 所示。将时间码拖动至 0s 处，单击"位置"选项前的按钮，添加关键帧，将时间码置于 02s 处，并设置关键帧的值，如图 4-60 所示。

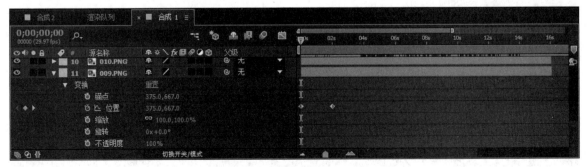

图 4-59

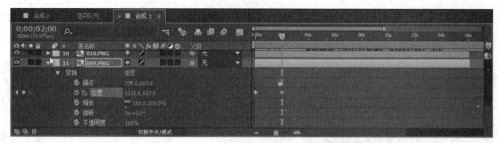

图 4-60

04 使用相同的方法为图层 2 添加关键帧，如图 4-61 所示。执行"图层 > 新建 > 形状图层"命令，新建 8 个形状图层，并调整位置，如图 4-62 所示。

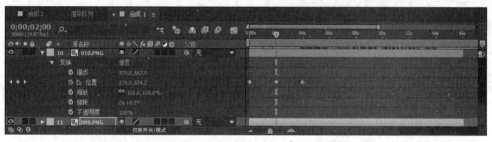

图 4-61

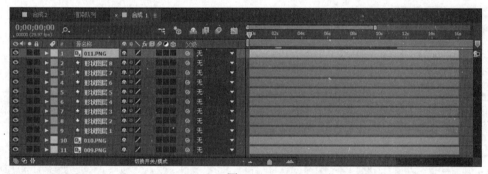

图 4-62

05 使用"椭圆工具"，选中"形状图层 1"，在"合成"窗口中绘制一个正圆形，如图 4-63 所示。打开"变换"属性，将时间码置于不同的位置添加关键帧，并设置相应的属性值，如图 4-64 所示。

图 4-63

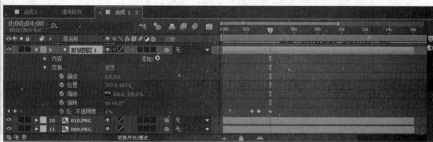

图 4-64

提示　After Effects CC 中主要通过创建关键帧来控制动画，通过对图层"变换"属性的参数进行设置，可以制作出许多精美、丰富的动画效果。因此在制作一些关键帧动画的过程中，会经常对"变换"属性的参数进行设置，After Effects 中提供了许多快捷的显示方法，掌握这些快捷方法，会大大提高工作效率。

06 使用相同的方法完成其他关键帧的添加，如图 4-65 所示。

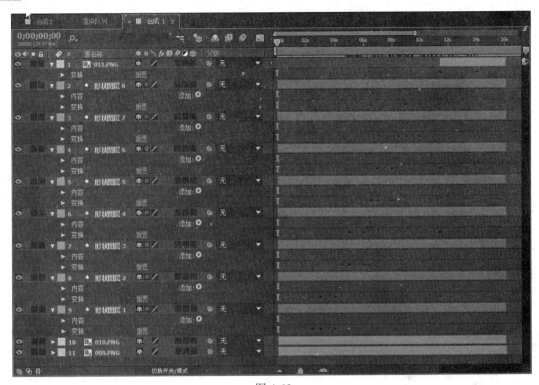

图 4-65

07 执行"合成 > 新建合成"命令，新建"合成 2"，如图 4-66 所示。将相应的素材拖曳至"合成 2"的"时间轴"面板上，如图 4-67 所示。

图 4-66

图 4-67

前面已经介绍了关键帧的各种"变换"属性的快捷显示方法，即只要选中图层，按下相应的快捷键即可显示相应的属性，那么，如果需要同时显示图层中的多个属性，应该怎样操作呢？

如果需要将图层中的多个"变换"属性同时显示，可以配合 Shift 键和属性原来的快捷键，显示两个或两个以上的"变换"属性。

例如按快捷键 P，显示出"位置"属性后，再按快捷键 S，则只会显示出"缩放"属性，而按住 Shift 键的同时再按 S 键，即可在不关闭"位置"属性的基础上将"缩放"属性也显示出来。

08 继续将"合成 1"拖曳到"时间轴"面板上，如图 4-68 所示。观看"合成"窗口中的效果，如图 4-69 所示。

图 4-68　　　　　　　　　　　　　图 4-69

09 在"项目"窗口中选中"合成 2"，执行"合成 > 添加到渲染队列"命令，如图 4-70 所示。

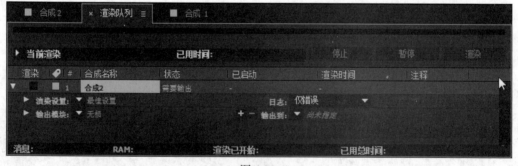

图 4-70

10 单击"渲染设置"选项后的"最佳设置"文字链接，在弹出的"渲染设置"对话框中，对相应的参数进行设置，如图 4-71 所示。

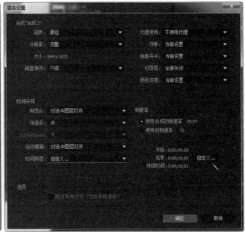

图 4-71

11 　单击"输出模块"选项后的"无损"文字链接，在弹出的"输出模块设置"对话框中对相应的参数进行设置，如图 4-72 所示。单击"输出到"选项后的"尚未指定"文字链接，在弹出的"将影片输出到"对话框中对相应的参数进行设置，如图 4-73 所示。

图 4-72

图 4-73

12 　单击"保存"按钮，完成各项的设置，单击"渲染"按钮，对动画进行渲染，如图 4-74 所示。

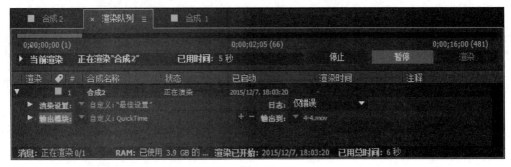

图 4-74

13 完成动画的渲染输出，启动 Photoshop CC 软件，如图 4-75 所示。执行"文件 > 导入 > 视频帧到图层"命令，弹出"打开"对话框，选择刚刚渲染生成的动画文件，如图 4-76 所示。

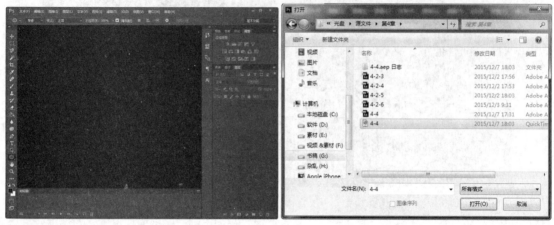

图 4-75   图 4-76

14 单击"打开"按钮，在弹出的"将视频导入图层"对话框中选择相应的选项，如图 4-77 所示，单击"确定"按钮，完成视频文件的导入，执行"文件 > 导出 > 存储为 Web 所有格式"命令，弹出"存储为 Web 所有格式"对话框，选择相应的选项并对其参数进行设置，如图 4-78 所示。

图 4-77   图 4-78

15 单击"存储"按钮，在弹出的"将视频导入图层"对话框中选择相应的选项，单击"确定"按钮，效果如图 4-79 所示。完成视频文件的导入，执行"文件 > 导出 > 存储为 Web 所有格式"命令，弹出"存储为 Web 所有格式"对话框，选择相应的选项并对其参数进行设置，效果如图 4-80 所示。

图 4-79   图 4-80

提示

显示属性的快捷方法，不仅对单个图层有效，同样也对所选的多个图层有效。不论是显示"变换"属性的快捷键，还是配合 Shift 键增加属性显示的快捷键，或者是配合 Alt+Shift 键同时显示添加关键帧的快捷键。

例如同时选中多个图层，按快捷键 P，再按快捷键 Shift+R，即可将所选图层的"位置"属性和"旋转"属性同时显示出来。按快捷键 Alt+Shift+S，可以将所选中图层的"缩放"属性同时显示出来，并且同时添加关键帧。

4.5　本章小结

在 After Effects CC 中，关键帧是所有动画效果的制作基础，也是组成动画的基本元素，关键帧动画至少要通过两个关键帧来完成，后期各种特效的添加与修改也离不开关键帧，可以说，掌握了关键帧的应用，也就掌握了动画制作的基础和关键。

本章主要讲解了关键帧的基本概念、关键帧的创建和选择，以及关于关键帧的编辑操作方法，详细介绍了图层的各个"变换"属性和通过"变换"属性制作出的关键帧的各种动画效果，另外还介绍了 After Effects CC 中的曲线编辑器的使用方法。通过本章的学习，相信读者已经对关键帧动画有了更加深入的了解，为后期制作更加丰富精彩的动画效果打下了坚实的基础。

4.6　课后练习

当学习了关键帧在交互动画中的用途后，接下来完成一个天气预报的 APP 交互动画制作。通过该实例的制作，复习前面所学内容。

实战

制作 APP 交互动画
教学视频：视频 \ 第 4 章 \4-6.mp4　　　源文件：源文件 \ 第 4 章 \4-6.aep

01 启动 After Effects，新建合成，并在"合成设置"对话框中设置相应的参数。　　**02** 导入素材，将其拖曳到"时间轴"面板上。

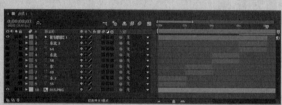

03 ⌄ 使用"椭圆工具"绘制一个正圆形，设置"不透明度"为 20%，继续使用"矩形工具"绘制两条相交的直线，并为形状图层添加关键帧，设置相应位置关键帧处的参数值。

04 ⌄ 使用文字工具在"合成"窗口输出文字内容。对应会自动出现文本图层，使用相同的方法完成文本图层。

05 ⌄ 渲染输出动画文件，并利用 Photoshop CC 导出 GIF 交互动画，观看最终效果。

第5章 交互动画制作中蒙版的使用

本章知识点

- ✔ 掌握蒙版的创建
- ✔ 了解如何修改与设置蒙版
- ✔ 掌握蒙版的混合模式
- ✔ 掌握交互动画制作中蒙版的使用

After Effects CC 中的蒙版是一个非常实用的功能，蒙版就是为图形创建一个封闭形状的选区，主要用来制作背景的镂空透明和图像间的平滑过渡等，蒙版有多种形状，在 After Effects CC 中提供了多种用来创建蒙版的遮罩工具。

5.1　使用 After Effects 中的蒙版

蒙版就是通过蒙版层中的图形或轮廓对象，透出下面图层中的内容。通俗一点说，蒙版就像是上面挖了一个洞的一张纸，而蒙版图像就是透过蒙版层上面的洞所观察到的事物。就像一个人拿着一支望远镜向远处眺望，在这里，望远镜就可以看成是蒙版层，而看到的事物就是蒙版层下方的图像，如图 5-1 所示。

图 5-1

在 After Effects 软件中，可以在一个图像层上绘制轮廓以制作蒙版，看上去像是一个层，但是一般来说，蒙版需要具备两个层，一个为轮廓层，即蒙版层；另一个为被蒙版层，即蒙版下面的图像层。

当为某个对象创建了蒙版后，位于蒙版范围内的区域是可以被显示的，而位于蒙版范围以外的区域将不被显示，因此，蒙版的轮廓形状和范围也就决定了所看到的图像的形状和范围，如图 5-2 所示。

图 5-2

After Effects CC 中的蒙版是由线段和控制点构成的，线段是连接两个控制点的直线或曲线，控制点定义了每条线段的开始点和结束点。路径可以是开放的也可以是闭合的，开放路径有着不同的开始点和结束点，如直线或曲线；而闭合路径是连续的，没有开始点和结束点。

如果要使用 After Effects 中的自带工具创建蒙版，首先需要具备一个层，可以是固态层，也可以是素材层或其他的层，这样即可在该层中创建蒙版。一般来说，在固态层上创建蒙版较多，因为固态层本身就是一个很好的辅助层。

创建的蒙版可以有很多种形状，在 After Effects CC 的工具栏中提供了多种用来创建蒙版的遮罩工具。这些遮罩工具包括规则形状蒙版和自由形状蒙版。

能够创建规则形状蒙版的工具，包括矩形工具、圆角矩形工具、椭圆形工具、多边形工具和五角星工具，如图 5-3 所示；能够创建自由形状也就是不规则形状蒙版的工具，即钢笔工具、铅笔工具和橡皮擦工具，其中，在钢笔工具的下拉菜单中还包括其他的相关工具，如图 5-4 所示。

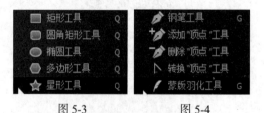

图 5-3   图 5-4

5.1.1 使用矩形工具创建矩形蒙版

使用矩形工具创建蒙版的方法很简单，下面将通过一个应用实例详细介绍如何使用矩形工具来创建蒙版。

实例 21　交互动画制作中的矩形蒙版

教学视频：视频 \ 第 5 章 \5-1-1.mp4　　源文件：源文件 \ 第 5 章 \5-1-1.aep

实例分析：

通过蒙版的使用，使得交互动画的效果更加完美，更加能够展现出交互设计师的设计理念，同时可以很好地为软件研发人员展示交互效果。

---

01 启动 After Effects CC 软件，执行 "合成 > 新建合成" 命令，弹出 "合成设置" 对话框，设置如图 5-5 所示，单击 "确定" 按钮。双击 "项目" 面板，在弹出的对话框中按住 Shift 键选择相应的素材，如图 5-6 所示。

图 5-5

图 5-6

02 单击 "导入" 按钮，在 "项目" 面板中选中导入的素材，将其拖曳至 "时间轴" 面板中，添加素材，如图 5-7 所示。此时 "合成" 窗口中的素材图像如图 5-8 所示。

图 5-7 　　　　　　　　　　　　　　　　　　　　　　　图 5-8

03 ✔ 　单击工具栏中的"矩形工具"按钮，在"时间轴"面板中选择图层 1，在"合成"窗口中单击拖动鼠标，绘制一个矩形蒙版区域，如图 5-9 所示。释放鼠标，并勾选"反转"选项，即可看到蒙版实现的效果，如图 5-10 所示。

图 5-9 　　　　　　　　　　　　　　图 5-10

提示 　　　选择要创建蒙版的图层，然后双击工具栏中的"矩形工具"按钮▢，可以快速创建一个与层像素大小相同的矩形蒙版。在绘制矩形蒙版时，如果按住 Shift 键，可以创建一个正方形蒙版；如果按住 Ctrl 键，则可以从中心开始向外绘制蒙版。

5.1.2 　使用椭圆工具创建椭圆形蒙版

　　使用"椭圆工具"创建蒙版的方法与使用"矩形工具"创建蒙版的方法基本相同，下面介绍使用"椭圆工具"创建蒙版的方法和技巧。

实例 22

交互动画制作中的椭圆蒙版

教学视频：视频 \ 第 5 章 \5-1-2.mp4　　　　源文件：源文件 \ 第 5 章 \5-1-2.aep

实例分析：

　　本实例通过创建椭圆蒙版，掌握交互动画制作过程中椭圆蒙版的创建过程，使用户掌握交互动画制作中椭圆蒙版的使用方法，从而使动画效果更加完美。

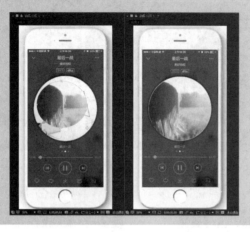

01 　启动 After Effects CC 软件，打开源文件 5-1-1.aep，如图 5-11 所示，单击"确定"按钮。双击"项目"面板，在弹出的对话框中按住 Shift 键选择相应的素材，如图 5-12 所示。

图 5-11　　　　　　　　　　　　　　　　图 5-12

02 　单击"导入"按钮，在"项目"面板选中导入的素材，将其拖曳至"时间轴"面板中，添加素材，如图 5-13 所示。此时"合成"窗口中的素材图像如图 5-14 所示。

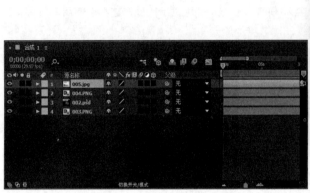

图 5-13　　　　　　　　　　　　　　　　　　图 5-14

03 选中图层 1，调整其大小，如图 5-15 所示。继续调整图层 2 的大小，如图 5-16 所示。

图 5-15　　　　　　　　　　　　　　　图 5-16

04 单击工具栏中的"椭圆形工具"按钮 ，在"时间轴"面板中选择图层 1，在"合成"窗口中单击并拖动鼠标绘制一个椭圆蒙版区域，如图 5-17 所示。释放鼠标，即可看到蒙版实现的效果，如图 5-18 所示。

提示　选择要创建蒙版的图层，然后双击工具栏中的"椭圆形工具"按钮 ，可以快速创建一个与层像素大小相同的椭圆蒙版，而椭圆正好是该矩形的内切圆。在绘制椭圆形蒙版时，如果按住 Shift 键，可以创建一个正圆形的蒙版。

图 5-17　　　　　　　　　　　　　　　　图 5-18

5.1.3　使用钢笔工具创建自由形状蒙版

　　钢笔工具是 After Effects CC 中最有效、最灵活的蒙版创建工具，利用该工具可以创建任意形状的曲线路径蒙版，因此利用该功能，可以为素材图像换一个漂亮、有创意的背景。

实例 23　**交互动画制作中的自由形状蒙版**
教学视频：视频 \ 第 5 章 \5-1-3.mp4　　　源文件：源文件 \ 第 5 章 \5-1-3.aep

实例分析：

　　自由型蒙版的创建使得交互设计变得不再中规中矩，也使得整个画面变得美观。本实例中带领读者完成交互动画制作中自由型蒙版的创建，从而对自由型蒙版有所了解，并且能够独立完成蒙版的创建。

01　　启动 After Effects CC 软件，执行"合成 > 新建合成"命令，弹出"合成设置"对话框，设置如图 5-19 所示，单击"确定"按钮。双击"项目"面板，在弹出的对话框中按住 Shift 键选择相应的素材，如图 5-20 所示。

图 5-19 图 5-20

02 ✅　单击"导入"按钮，在"项目"面板中选中导入的素材，将其拖曳至"时间轴"面板中，添加素材，如图 5-21 所示。此时"合成"窗口中的素材图像如图 5-22 所示。

图 5-21 图 5-22

03 ✅　对图层的大小以及位置进行细致的调整，如图 5-23 所示。

图 5-23

04 　单击工具栏中的"钢笔工具"按钮 ，在"时间轴"面板中选择图层 1，在"合成"窗口中创建蒙版轮廓，如图 5-24 所示。释放鼠标，即可看到蒙版实现的效果，如图 5-25 所示。

图 5-24　　　　　　　　　　　　　　　　　图 5-25

> **提示**
> 　　如果想绘制开放的蒙版轮廓，可以在绘制到需要的程度后，按住 Ctrl 键的同时在"合成"窗口中单击鼠标，以结束绘制，如果要绘制一个封闭的轮廓，则可以将光标移到开始点的位置，当光标变成钢笔状时，单击鼠标，即可将路径封闭。

5.1.4　使用橡皮擦工具创建自由形状蒙版

　　"橡皮擦工具"操作起来类似于橡皮擦的擦除效果，因此使用起来比较自由随意，擦除结束后，只能看到擦除掉的部分。

实例 24　**交互动画制作中橡皮擦工具的使用**
教学视频：视频 \ 第 5 章 \5-1-4.mp4　　　源文件：源文件 \ 第 5 章 \5-1-4.aep

实例分析：
　　在进行交互动画制作的过程中，由于蒙版的创建是必不可少的，而蒙版的创建又不是只有一种方法，本实例带领读者通过使用橡皮擦工具创建蒙版。

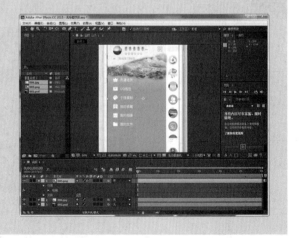

01 　启动 After Effects CC 软件，执行"合成 > 新建合成"命令，弹出"合成设置"对话框，设置如图 5-26 所示，单击"确定"按钮。双击"项目"面板，在弹出的对话框中按住 Shift 键选择相应的素材，如图 5-27 所示。

图 5-26 　　　　　　　　　　　　　　　　　　　图 5-27

02 　单击"导入"按钮，在"项目"面板中选中导入的素材，将其拖曳至"时间轴"面板中，添加素材，如图 5-28 所示。此时"合成"窗口中的素材图像如图 5-29 所示。

图 5-28 　　　　　　　　　　　　　　　　　　　图 5-29

03 　对图层的大小以及位置进行细致的调整，如图 5-30 所示。

图 5-30

04 　执行"窗口 > 工作区 > 绘画"命令，如图 5-31 所示。将工作界面从"标准"操作模式切换至"绘画"操作模式，在该模式下，同时显示"合成"预览窗口和"图层"预览窗口，如图 5-32 所示。

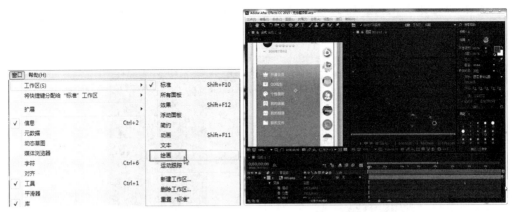

图 5-31　　　　　　　　　　　　　　　图 5-32

05 　在"时间轴"面板中双击图层 1，将其在"图层"预览窗口中打开，如图 5-33 所示。将工作界面从"标准"操作模式切换至"绘画"操作模式，在该模式下，同时显示"合成"预览窗口和"图层"预览窗口，如图 5-34 所示。

图 5-33　　　　　　　　　　　　　　　图 5-34

06 　单击工具栏中的"橡皮擦工具"按钮，在"笔刷"面板中选择一个圆形柔角的笔刷，并进行相应的设置，如图 5-35 所示。在"层"预览窗口中按住鼠标进行绘制，在左边的"合成"预览窗口中会显示合成的效果，如图 5-36 所示。

图 5-35

图 5-36

07 ☑ 返回到"标准"操作模式中，切换到"合成"预览窗口中，可以看到使用"橡皮擦工具"创建蒙版的图像效果，此时还可以看到"时间轴"面板中的效果，如图 5-37 所示。

图 5-37

 提示 使用"铅笔工具"的操作方法类似于铅笔绘画，绘制起来也较为随意，其创建蒙版的方法与"橡皮擦工具"创建蒙版的方法相类似，在这里就不逐一进行介绍。

5.2 修改与设置蒙版

在创建蒙版时，有时候也许不能一步到位，或者对创建出的蒙版形状不满意，这时就需要对已经创建好的蒙版形状进行修改操作，以得到更精确适合的蒙版轮廓形状。

5.2.1 选择节点

在 After Effects CC 中，不管使用哪种工具创建蒙版形状，所创建出来的蒙版都是由路径和控制点构成的，这些控制点就是节点，如图 5-38 所示。如果想要修改蒙版的形状轮廓，就需要对这些节点进行操作，选中状态的节点将呈现实心方形，而没有选中的节点将呈现空心的方形效果，如图 5-39 所示。

图 5-38

图 5-39

选择节点的方法很简单。打开一张素材，使用"钢笔工具"在素材上创建自由蒙版形状，单击工具栏中的"选择工具"按钮，在节点位置单击鼠标，即可选择一个节点，如图 5-40 所示。如果想选择多个节点，在按住 Shift 键的同时，分别单击要选择的节点即可，如图 5-41 所示。

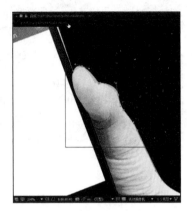

图 5-40　　　　　　　　　　　　　图 5-41

也可以使用框选的方式选择节点。在"合成"窗口中，单击并拖动鼠标，将出现一个矩形选框，如图 5-42 所示，被矩形框选中的节点将被选中，如图 5-43 所示为框选后的效果。

图 5-42　　　　　　　　　　　　　图 5-43

如果在"合成"窗口中有多个独立的蒙版形状，按住 Alt 键的同时单击其中一个蒙版的节点，则可以快速选择该蒙版的形状；或者双击其中一个蒙版上的路径，蒙版周围会显示一个矩形框，此时即可将整个蒙版选中，再次双击取消选中蒙版形状。

5.2.2　移动节点

移动节点，其实就是修改蒙版的形状，通过选择不同的节点并移动，可以将椭圆或矩形改变成不规则形状。

选择蒙版上的任意一个节点，单击工具栏中的"移动工具"按钮，拖动节点到其他位置，移动节点的操作过程如图 5-44 所示。也可以在选中节点的状态下，使用键盘上的方向键移动选中的节点。

选择节点　　　　　　　　　　　　移动节点

图 5-44

如果想要选择多个节点, 只需要按住 Shift 键进行多次选择即可, 选择后再根据需要进行移动即可。

5.2.3　使用钢笔工具进行修改

绘制好的蒙版形状, 可以通过后期的节点添加或删除操作来改变形状结构, 下面分别介绍钢笔工具组中各工具的使用方法。

添加"顶点"工具: 该工具可以为蒙版添加新的节点, 从而更好地对节点进行控制调节。单击工具栏中的"添加'顶点'工具"按钮，, 在蒙版路径上单击即可添加节点, 单击多次可以添加多个节点, 如图 5-45 所示。

图 5-45

删除多余节点的方法除了上述方法外, 还可以在选择节点的状态下, 通过按键盘上的 Delete 键, 将多余的节点删除; 按住 Shift 键, 也可以对选中的多个节点进行删除操作。

删除"顶点"工具: 该工具可以将蒙版上多余的点删除。单击工具栏中的"删除'顶点'工具"按钮，, 在蒙版上多余的点上单击, 即可将其删除。

转换"顶点"工具: 该工具可以通过调整蒙版上的点, 将曲线转换为直线或将直线转换为曲线。单击工具栏中的"转换'顶点'工具"按钮，, 在合适的节点上单击, 即可将曲线转换为直线, 如图 5-46 所示。

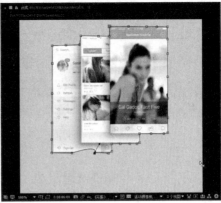

图 5-46

提示

　　　　使用"变换点工具"将曲线转换为直线后，角点的两侧线条都是直线，没有弯曲角度；而将直线转换为曲线后，曲线点的两侧有两个控制柄，可以控制曲线的弯曲程度，当角点转换成曲线点后，通过使用"选择工具"，可以手动调节曲线点两侧的控制柄以修改蒙版的形状。

　　蒙版羽化工具：该工具是 After Effects 自 CS6 以后版本中新增的功能。

　　在以往版本中，所创建的蒙版都是单条的遮罩线，而在 CC 中新增的"蒙版羽化工具"，可以任意添加羽化边缘的蒙版虚线。使用该工具可以任意调整羽化边缘，也是 After Effects 革命性的更新。

　　使用"钢笔工具"创建出蒙版形状，单击工具栏中的"蒙版羽化工具"按钮，在蒙版线上相应的位置单击，并拖动鼠标至合适的位置，释放鼠标，可以看到添加的羽化效果，如图 5-47 所示。

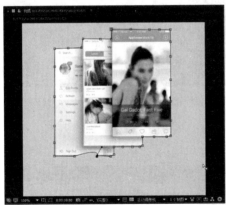

图 5-47

5.2.4　锁定蒙版

　　后期在制作项目的过程中，为了避免操作中不必要的失误，After Effects CC 提供了锁定蒙版的功能，锁定后的蒙版不能进行任何的编辑和操作，因此为用户的制作过程提供了很大的帮助。

　　锁定蒙版的方法很简单，在"时间轴"面板中，将蒙版属性列表选项展开，单击蒙版层左侧的锁定图标，该图标将变成带有一把锁的效果，如图 5-48 所示。

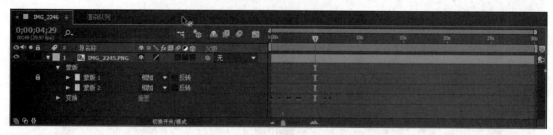

图 5-48

提示

"时间轴"面板中的蒙版选项下包含有一个或多个遮罩，蒙版 1 是蒙版下的一个遮罩，其后有多个遮罩运算的选项，影响着多个遮罩一起使用时的情况。最右侧还有一个"反转"选项，勾选后遮罩遮挡住的部分和显示出的部分将反转显示。

5.2.5 变换蒙版

在蒙版的路径上双击，会显示一个蒙版调节框，将光标移动至边框周围的任意位置，将出现旋转光标，拖动鼠标即可对整个蒙版图形进行旋转操作，如图 5-49 所示。

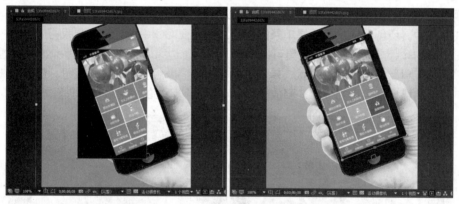

图 5-49

将光标放置在蒙版调节框的其中任意一个节点上时，会出现一个双向箭头的光标，拖动鼠标即可对整个蒙版图形进行缩放操作，如图 5-50 所示。

图 5-50

5.2.6　设置蒙版的属性

绘制好蒙版的形状后，在"时间轴"面板中，展开蒙版列表选项，可以在其中设置蒙版的各个属性，还可以对这些属性设定动画关键帧，选中图层，展开图层的蒙版属性，如图 5-51 所示。

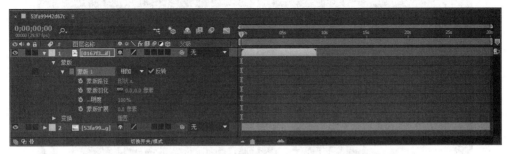

图 5-51

蒙版路径：该属性用于设置蒙版的路径范围，也可以为蒙版节点制作关键帧动画。单击该属性右侧的"形状……"文字链接，将弹出"蒙版形状"对话框，在该对话框中可以为蒙版设置空间范围和形状，或通过改变点来为蒙版制作动画，如图 5-52 所示。

在"定界框"选项组中，通过修改顶部、左侧、右侧和底部选项的参数，可以修改当前蒙版的大小；而通过"单位"右侧的下拉菜单可以为修改值设置一个合适的单位，如图 5-53 所示。

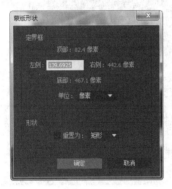
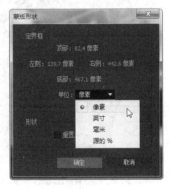

图 5-52　　　　　　　　　　　　　　　图 5-53

通过"形状"选项组，可以修改当前蒙版的形状，可以将其他的形状快速改成矩形或椭圆形。选择"矩形"选项，将该蒙版形状修改成矩形，选择"椭圆形"选项，将该蒙版形状修改成椭圆形，如图 5-54 所示。

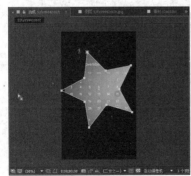
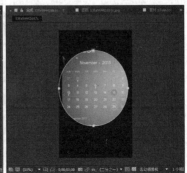

创建不规则形状蒙版　　　　　　　　快速修改为椭圆形蒙版

图 5-54

蒙版羽化：该属性用于控制蒙版羽化的效果，可以通过羽化蒙版得到更自然的融合效果，并且 X 轴向和 Y 轴向可以有不同的羽化程度，单击该属性前面的按钮，可以将两个轴向锁定或释放，如图 5-55 所示。

图 5-55

蒙版不透明度：该属性用于设置蒙版的不透明度，如图 5-56 所示为"不透明度"分别为 100% 和 50% 的蒙版效果。

图 5-56

蒙版扩展：该属性用来调整蒙版的扩展程度，正值为扩展蒙版区域，负值为收缩蒙版区域，如图 5-57 所示。

"蒙版扩展"数值为负值　　　　　　　"蒙版扩展"数值为正值

图 5-57

5.2.7　制作淡入动画效果

掌握了对蒙版的创建和编辑方法，并且学习了如何对蒙版的相关属性进行设置。本节将通过对蒙版属性的设置制作画面淡入的动画效果。

实例 25　制作淡入动画效果
教学视频：视频 \ 第 5 章 \5-2-7.mp4　　　源文件：源文件 \ 第 5 章 \5-2-7.aep

实例分析：

淡入动画效果是手机 APP 交互动画中较为常见的交互动画效果，本实例通过制作常见并且简单的手机 APP 启动交互效果，带领读者掌握交互动画制作中的淡入效果的使用。

01 　启动 After Effects CC 软件，执行"合成 > 新建合成"命令，创建一个新的合成，在弹出的"合成设置"对话框中进行设置，如图 5-58 所示。双击"项目"面板，在弹出的对话框中选择素材，如图 5-59 所示。

图 5-58　　　　　　　　　　　　　　　　　图 5-59

02 　单击"导入"按钮，在"项目"面板中选中导入的素材，将其拖曳至"时间轴"面板中，对其大小和先后顺序进行调整，"时间轴"上的素材顺序和"合成"窗口中的素材图像如图 5-60 所示。

图 5-60

提示

在这里需要注意的是，当新建一个项目并打开某个素材后，将该素材直接拖入到"时间轴"面板中，系统会自动创建一个与该素材大小相同的合成，因此可以省去新建合成的步骤，更为方便、快捷。

03 使用"椭圆形工具"在"合成"窗口中绘制椭圆形蒙版，效果如图 5-61 所示。在"时间轴"面板中展开蒙版属性列表，在 00s 位置激活码表，分别为相应的属性添加关键帧，并设置"蒙版不透明度"为 0%，如图 5-62 所示。

图 5-61

图 5-62

04 将"当前时间指示器"移至第 05s 位置,单击"蒙版路径"属性右侧的"形状……"文字链接,在弹出的"蒙版形状"对话框中进行设置,如图 5-63 所示,单击"确定"按钮,此时"合成"窗口中的图像效果如图 5-64 所示。

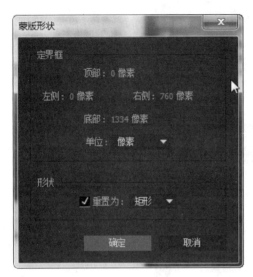

图 5-63

图 5-64

05 分别设置"蒙版羽化"值为 200,"蒙版不透明度"为 100%,自动添加关键帧,如图 5-65 所示。

图 5-65

06 完成淡入动画效果的制作,单击"预览"面板中的"播放 / 暂停"按钮▶,即可看到淡入动画的效果,如图 5-66 所示。

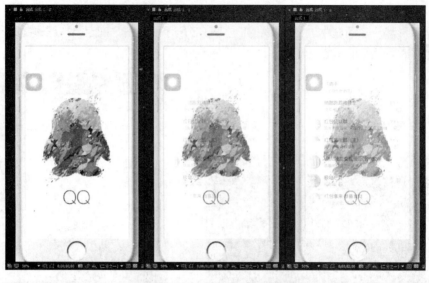

图 5-66

　　在使用 After Effects 制作交互动画时，还可以应用多个蒙版来实现不一样的效果，再配合蒙版属性的不同设置，可以使画面效果更加丰富、美观。

5.3　实现微信交互动画效果

　　APP 的动画效果是很多 APP 设计研发中比较重视的，其动画效果的制作也是目前比较流行的，在本节中将带领读者实现微信交互动画效果的制作。

实例 26　实现微信交互动画效果

教学视频：视频 \ 第 5 章 \5-3.mp4　　　源文件：源文件 \ 第 5 章 \5-3.aep

实例分析：

　　本实例通过实现微信交互动画效果，掌握交互动画制作的相关知识，在完成本实例的操作后，可对前面所讲述的基础知识进一步掌握。

01 　启动 After Effects CC，执行"合成＞新建合成"命令，弹出"合成设置"对话框，设置如图 5-67 所示。单击"确定"按钮，双击"项目"面板，在弹出的对话框中选择需要的素材，如图 5-68 所示。

图 5-67

图 5-68

02 单击"导入"按钮，将素材导入到项目中，如图 5-69 所示。将素材拖曳到"时间轴"面板中，并调整图层的位置，如图 5-70 所示。

图 5-69

图 5-70

03 对"时间轴"面板上的素材进行截取，如图 5-71 所示。

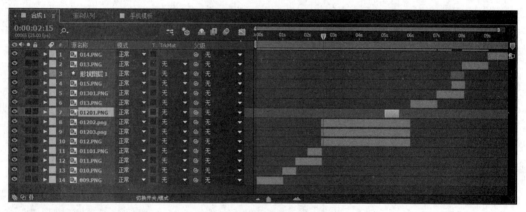

图 5-71

04 选中图层 9，单击前面的三角形按钮，在弹出的下拉菜单中选择"变换"属性，如图 5-72 所示。继续单击"变换"属性前的三角按钮，展开"变换"属性选项，如图 5-73 所示。

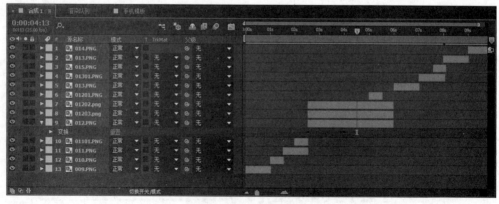

图 5-72

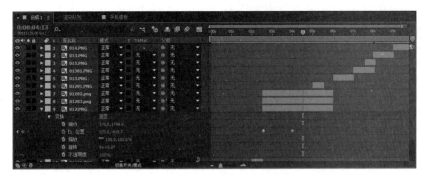

图 5-73

05 　将时间码置于 2.5s 的位置，单击"位置"选项前的关键帧按钮，添加关键帧，如图 5-74 所示。
继续将时间码置于 4s 的位置，调整"位置"选项的参数，如图 5-75 所示。

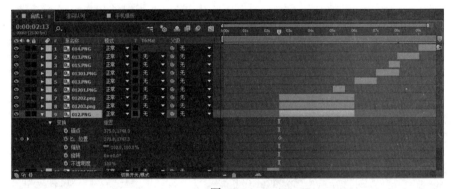

图 5-74

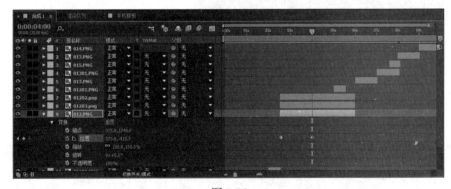

图 5-75

06 　选中图层 3，·执行"图层 > 新建 > 形状图层"命令，如图 5-76 所示。默认在图层 3 上创建
形状图层，图层序列号依次改变，如图 5-77 所示。

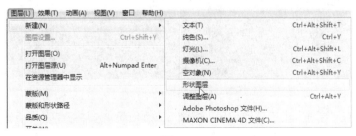

图 5-76

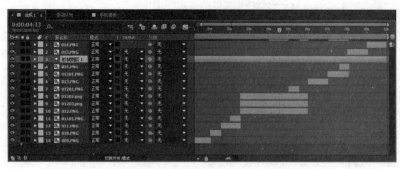

图 5-77

07 使用"矩形工具",设置填充颜色为黑色,如图 5-78 所示。在"合成"窗口中绘制矩形,如图 5-79 所示。

图 5-78

图 5-79

08 将形状图层在"时间轴"面板中进行截取,如图 5-80 所示。展开其"变换"属性,选择"不透明"选项,设置其不透明值,如图 5-81 所示。

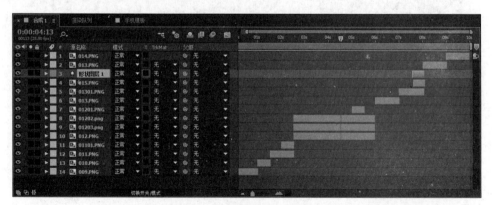

图 5-80

09 完成设置,在"合成"窗口观看效果,如图 5-82 所示。选中名称为"手机模板"的素材文件,单击鼠标右键,在弹出的快捷菜单中选择"基于所选项新建合成"选项,如图 5-83 所示。

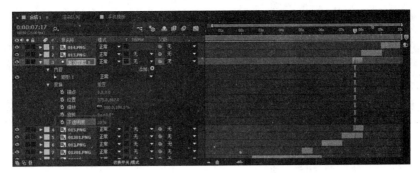

图 5-81

图 5-82

图 5-83

10 将 "合成 1" 拖曳到 "时间轴" 面板中，如图 5-84 所示。

图 5-84

11 完成动画的制作，选中 "手机模板" 合成，执行 "合成 > 添加到渲染队列" 命令，如图 5-85 所示。对各项参数进行设置，单击渲染按钮，对动画进行渲染输出，如图 5-86 所示。

图 5-85

图 5-86

12 启动 Photoshop CC，如图 5-87 所示。执行"文件 > 导入 > 视频帧到图层"命令，弹出"打开"对话框，选择刚刚渲染生成的动画文件，如图 5-88 所示。

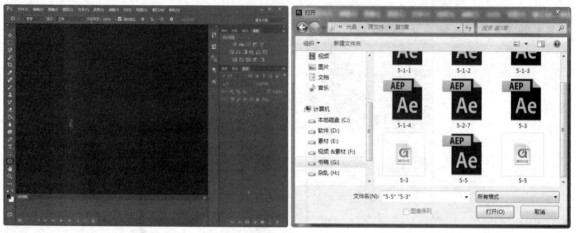

图 5-87   图 5-88

13 单击"打开"按钮，在弹出的"将视频导入图层"对话框中选择相应的选项，单击"确定"按钮。设置如图 5-89 所示，完成视频文件的导入，执行"文件 > 导出 > 存储为 Web 所有格式"命令，弹出"存储为 Web 所有格式"对话框，选择相应的选项并对其参数进行设置，如图 5-90 所示。

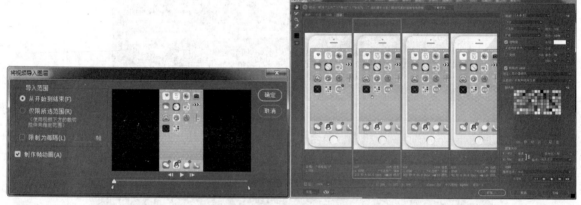

图 5-89   图 5-90

14 单击"存储"按钮，在弹出的"将视频导入图层"对话框中选择相应的选项，单击"确定"按钮。完成动画的制作与输出，观看其效果，如图 5-91 所示。

图 5-91

5.4　本章小结

　　本章主要针对蒙版的相关知识进行了详细的讲解，包含蒙版的原理、蒙版的修改与编辑方法、蒙版的混合模式，并通过应用实例介绍了如何使用遮罩工具创建蒙版。另外，通过对蒙版属性的不同设置，还可以制作出简单的淡入动画效果等。通过本章的学习，相信读者对蒙版的使用方法已经有了更进一步的了解，为后期制作更丰富、绚丽多彩的动画效果奠定了基础。

5.5　课后练习

　　本章中主要讲解的是蒙版的使用，在交互动画制作中蒙版的使用也是比较普遍的，完成课后练习的制作，对蒙版的相关知识进行巩固。

实战

使用形状蒙版
教学视频：视频 \ 第 5 章 \5-5.mp4　　源文件：源文件 \ 第 5 章 \5-5.aep

01 新建合成，完成素材的导入。

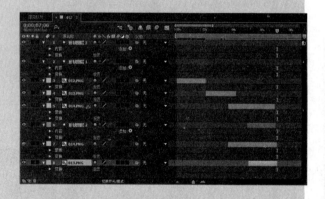

02 将素材拖曳到"时间轴"面板上，并创建新的形状图层。

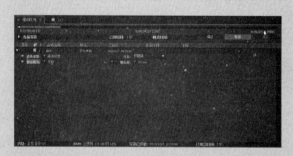

03 添加到渲染队列中，设置相应的参数，渲染导出动画文件。

04 导入到 Photoshop CC，利用"存储为Web 所有格式"命令存储为 GIF 动画。

第6章　制作文字动画

　　无论是在平面设计作品还是在影视作品中，如果都只有图像，就会显得单调无味，因此，在各个设计的领域中，图像并不是唯一，文字也是至关重要的一个环节，有着举足轻重的作用。文字也是最为有效的传递和表达的形式之一。

　　在 After Effects CC 中，文字处理的功能十分强大，它不仅具有说明、注解的基本功能，很多时候还可以利用它对整个视频画面进行构图、色彩、节奏等方面的调节和修饰，有着非常重要的作用。

　　单击工具栏中的"横排文字工具"按钮，在"字符"面板中进行相应的设置。

　　单击工具栏中的"横排文字工具"按钮，在"字符"面板中进行相应的设置。

6.1　输入文字

　　After Effects CC 为用户提供了非常灵活且功能强大的文字工具，用户可以方便、快捷地在图层中添加文字，通过相关面板对文字的字体、风格、颜色及大小等属性进行快速、灵活的更改，还可以对单个文本和段落文本进行对齐、调整和文字变形等处理。

　　在 After Effects CC 中，使用文字工具可以创建两种类型的文字，分别为点文字和段落文字，如图 6-1 所示。

图 6-1

　　以上是在影视后期制作中常见的文字类型，在交互动画中也常见到这两种文字类型，如图 6-2 所示。

图 6-2

6.1.1 通过文本图层创建点文字

点文字的每一行文字都是独立的,在进行文字的编辑时,长度会随着文本的长度随时变长或者缩短,但是不会出现与下一行文字重叠的情况。

实例 27

交互动画制作中文本图层的使用

教学视频:视频 \ 第 6 章 \6-1-1.mp4　　源文件:源文件 \ 第 6 章 \6-1-1.aep

实例分析:

　　在交互动画制作中,文字是不可或缺的一部分,所以要对文字进行精心制作。After Effects CC 中文字动画的制作是通过文本图层配合特效来完成的,下面将通过对文本图层的简单运用来制作文字动画。本实例通过操作文本图层,以及使用其他属性进行配合的方式制作简单的文字动画。

01 启动 After Effects CC,创建新的合成,双击"项目"面板,在弹出的对话框中选择素材,如图 6-3 所示。单击"导入"按钮,在"项目"面板中选中导入的素材,将其拖曳至"时间轴"面板中,添加素材,并自动生成一个与素材大小相同的合成,如图 6-4 所示。

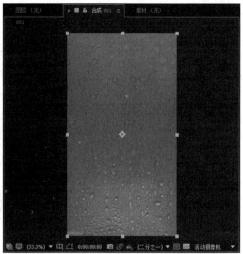

图 6-3　　　　　　　　　　　　　　　　　　　　图 6-4

02 ▾　执行"图层 > 新建 > 文本"命令，或者按快捷键 Ctrl+Alt+Shift+T，即可在"时间轴"面板中自动创建一个文本图层，如图 6-5 所示。此时在"合成"窗口的中心闪动着光标，处于输入文字的状态，如图 6-6 所示。

图 6-5　　　　　　　　　　　　　　　　　　　　图 6-6

03 ▾　在"字符"面板中对属性进行相应的设置，如图 6-7 所示。完成设置后，在"合成"窗口中输入需要的文本，按键盘上的 Enter 键或者在"时间轴"面板中单击，结束文字的输入状态，并使用"选择工具"将文字移至合适的位置，文字如图 6-8 所示。

图 6-7　　　　　　　　　　　　图 6-8

04 使用相同的方法完成其他内容的制作，文字如图 6-9 所示。

图 6-9

提示 通过文本图层创建点文字的方法除了使用菜单命令外，还可以在"时间轴"面板的空白处单击鼠标右键，在弹出的快捷菜单中选择"新建 > 文字"选项。

6.1.2　通过文字工具创建点文字

直接创建点文字的方法除了通过文本图层创建外，还可以直接通过文字工具创建点文字，用户选择其中一种即可。

实例 28　交互动画制作中创建点文字
教学视频：视频 \ 第 6 章 \6-1-2.mp4　　源文件：源文件 \ 第 6 章 \6-1-2.aep

实例分析：
　　在 After Effects 中有两种方式创建点文字，本实例中将讲解使用"横排文字工具"创建点文字的方法。在掌握创建文字方法的同时，也要与使用文本图层创建点文字相比较。

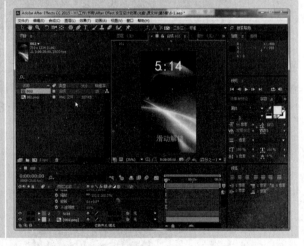

01 启动 After Effects CC，创建新的合成，双击"项目"面板，在弹出的对话框中选择素材，如图 6-10 所示。单击"导入"按钮，在"项目"面板中选中导入的素材，将其拖曳至"时间轴"面板中，添加素材，并自动生成一个与素材大小相同的合成，如图 6-11 所示。

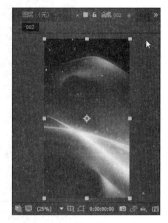

图 6-10　　　　　　　　　　　　　　　　　　图 6-11

02 　单击工具栏中的"横排文字工具"按钮，在"合成"窗口中的相应位置单击鼠标，即可在单击的位置出现一个光标，如图 6-12 所示，"时间轴"面板中的文本图层如图 6-13 所示。

图 6-12　　　　　　　　　　　　　　　　　图 6-13

03 　在"字符"面板中对属性进行相应的设置，如图 6-14 所示。完成设置后，即可输入需要的文本，按键盘上的 Enter 键或者在"时间轴"面板中单击，结束文字的输入状态，文字效果如图 6-15 所示。

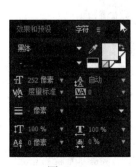

图 6-14　　　　　　　　　　　　　　　　　图 6-15

04 ▼ 使用相同的方法完成其他内容的制作，文字如图 6-16 所示。

图 6-16

提示　　通过文本图层创建点文字与通过文字工具创建点文字的区别在于，使用文本图层创建的点文字位于"合成"窗口的中心位置，如果想要改变其位置，需要使用"移动工具"进行移动；而使用文字工具则可以随意在指定的位置上单击，输入需要的文字。

6.1.3　创建段落文字

创建段落文字与创建点文字的操作方法基本相同，对于创建文字的诸多方法，读者都应该熟练掌握，在后期的制作中就能够大大提高工作效率。

实例 29　**交互动画制作中创建段落文字**
教学视频：视频 \ 第 6 章 \6-1-3.mp4　　　源文件：源文件 \ 第 6 章 \6-1-3.aep

实例分析：
　　点文字对象的使用局限很多，当遇到大量文字时，可以选择使用"段落文字"。本实例中将演示如何使用"横排文字工具"创建段落文字。

01 　　启动 After Effects CC，创建新的合成，双击"项目"面板，在弹出的对话框中选择素材，如图 6-17 所示。单击"导入"按钮，在"项目"面板中选中导入的素材，将其拖曳至"时间轴"面板中，添加素材，并自动生成一个与素材大小相同的合成，如图 6-18 所示。

图 6-17　　　　　　　　　　　　　　　　　图 6-18

02 　　单击工具栏中的"直排文字工具"按钮，在"合成"窗口中创建段落文本的起始位置，按下鼠标左键不放进行拖动形成一个文字区域，如图 6-19 所示。释放鼠标按键，在"字符"面板中对属性进行相应的设置，如图 6-20 所示。

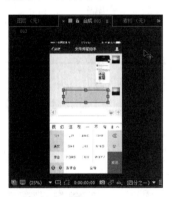
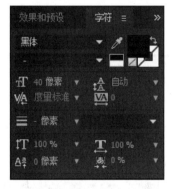

图 6-19　　　　　　　　　　　　图 6-20

03 　　完成设置后，在文本区域内输入段落文本，文字效果如图 6-21 所示，"时间轴"面板如图 6-22 所示。

图 6-21　　　　　　　　　　　　　　　　　图 6-22

6.1.4　点文字与段落文字相互转换

　　在 After Effects CC 中，所创建的点文字和段落文字是可以相互转换的，点文字可以快速转换为段落文字，段落文字也可以快速地转换为点文字。

 提示　　按快捷键 Ctrl+T，可以选择文字工具，反复按该快捷键，可以在"横排文字工具"和"直排文字工具"之间进行切换。

 实例 30　　**点文字与段落文字的转换**
教学视频：视频 \ 第 6 章 \6-1-4.mp4　　　源文件：源文件 \ 第 6 章 \6-1-4.aep

实例分析：

　　点文字和段落文字都有各自的特点，应用的方法也不同。在特殊情况下可以通过执行转换命令，将两种文字进行转换，以满足动画制作的需求。

01　　启动 After Effects CC，创建新的合成，双击"项目"面板，在弹出的对话框中选择素材，如图 6-23 所示。单击"导入"按钮，在"项目"面板中选中导入的素材，将其拖曳至"时间轴"面板中，添加素材，并自动生成一个与素材大小相同的合成，如图 6-24 所示。

图 6-23

图 6-24

使用"横排文字工具"或"直排文字工具"创建段落文字的方法相同，使用文本框可以将文字限制在文本框的范围内，但如果文字过多或文本框过小，超出文本框的文字将不会被显示出来，这时就需要将文本框放大。

02 单击工具栏中的"直排文字工具"按钮，在"合成"窗口中创建段落文本的起始位置，单击并按住鼠标左键不放，拖动鼠标形成一个文字区域，如图 6-25 所示。释放鼠标，在"字符"面板中对属性进行相应的设置，如图 6-26 所示。

图 6-25　　　　　　　　　　　图 6-26

03 使用"选择工具"选中刚刚输入的点文字，在工具栏中选择"横排文字工具"或"直排文字工具"，在该文字上单击鼠标右键，在弹出的快捷菜单中选择"转换为段落文本"选项，如图 6-27 所示，"时间轴"面板如图 6-28 所示。

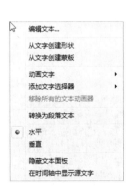 

图 6-27　　　　　　　　　　　图 6-28

6.2　设置文字属性

在 After Effects 中输入的文字，用户在后期的制作中是可以进行修改和编辑的，如设置文字的字体、颜色和大小等属性。After Effects CC 提供了和 Word 功能相近的文本编辑功能，甚至还可以为文本添加特效，更加方便地为制作者提供强大的文字功能。

6.2.1　设置字符属性

在"字符"面板中，用户可以对文字的字体、字形、字号及颜色等属性进行修改，从而制作出需要的满意效果。

执行"窗口 > 字符"命令，即可打开"字符"面板，如图 6-29 所示。

"字体"选项用于设置字体系列。用户只需单击该选项，即可在其下拉列表中选择需要使用的字体。"字形"选项用于设置字体的字形，不同字体的下拉列表中会有不同的选项。"字体颜色"选项用于设置文字的颜色。实心和空心色块分别代表"填充颜色"和"描边颜色"。单击即可选中相应的色块，双击色块，即可在弹出的"字体颜色"对话框中进行设置。"字体大小"选项用于设置文字的大小。用户可以直接在该选项后的文本框中输入数值，也可以在下拉列表中选择相应的选项。本节主要介绍"字符"面板中的几项参数，其他几项就不逐一介绍。

图 6-29

6.2.2　设置段落属性

段落是指在输入文字时，末尾带有回车符的任何范围的文字，对于点文字来说，也许一行就是一个单独的段落；而对于段落文字来说，一段可能有多行。在这里，用户可以通过"段落"面板设置段落对齐、段落缩进等选项。总之，段落格式的设置主要是通过"段落"面板来实现的。

在"段落"面板中，用户可以对文字进行对齐、缩进等编辑操作。执行"窗口 > 段落"命令，打开"段落"面板，如图 6-30 所示。

图 6-30

6.3　文字的动画属性

前面学习了通过设置图层的"变换"属性制作动画效果的方法，当用户创建了文字后，也可以为文字进行效果设置和变换动画效果的制作。

创建文字后，在"时间轴"面板中将出现一个文本图层，展开"文本"列表选项，将显示出文字的属性选项，如图 6-31 所示。

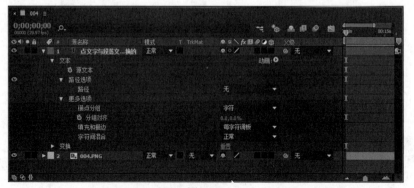

图 6-31

在"动画"选项右侧的下拉列表中，包含许多文字动画的属性菜单。"源文本"选项下的相关属性，可以制作文字的颜色、文字内容、文字的字体以及描边等属性的动画。"路径选项"选项下的相关属性，可以制作路径文字的效果。"更多选项"选项用于设置定位点的分组形式、组排列等。

6.3.1 动画

单击"时间轴"面板中"文字"选项右侧的"动画"按钮 动画:● ，即可弹出有关该选项的下拉菜单，该菜单中包含了文字的动画制作命令，执行某个命令后，即可将该命令的动画选项添加到"文字"属性中，如图 6-32 所示。通过该菜单选项，用户能够制作出更加丰富的文字动画效果。

图 6-32

实例 31 制作文字动画效果

教学视频：视频 \ 第 6 章 \6-3-1.mp4   源文件：源文件 \ 第 6 章 \6-3-1.mp4

实例分析：

在制作各种交互动画时，文字动画是必不可少的组成部分。本实例中将通过一个文字动画的制作，充分展示 After Effects 制作交互动画的便利性。

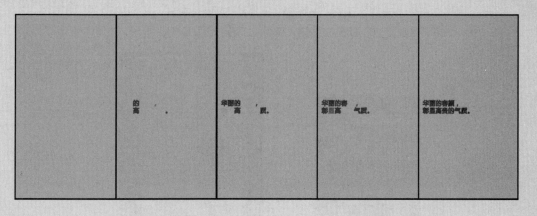

01 启动 After Effects CC，执行"合成 > 新建合成"命令，弹出"合成设置"对话框，设置如图 6-33 所示。在"时间轴"面板中单击鼠标右键，在弹出的快捷菜单中选择"新建选项"选项，继续选择"纯色"选项，如图 6-34 所示。

图 6-33   图 6-34

02 在弹出的"纯色设置"对话框,设置如图 6-35 所示。在"时间轴"面板中创建一个纯色图层,如图 6-36 所示。

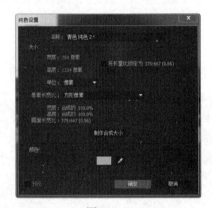

图 6-35   图 6-36

03 单击工具栏中的"横排文字工具"按钮，在"字符"面板中进行相应的设置,如图 6-37 所示。完成设置后,在"合成"窗口中的相应位置输入文字,效果如图 6-38 所示。

图 6-37   图 6-38

04 在"时间轴"面板中展开文本图层,单击"文本"右侧的"动画"按钮，在弹出菜单中选择"不透明度"选项,即可出现一个"动画 1"的选项组,设置该选项组下的"不透明度"为 0%,如图 6-39 所示。

图 6-39

05 　将"当前时间指示器"移至 0s 的位置,展开"动画 1"选项组中的"范围选择器 1"选项,单击"起始"选项左侧的码表按钮,添加一个关键帧,并设置"起始"的值为 0%,如图 6-40 所示。

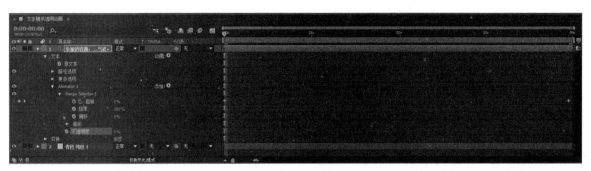

图 6-40

06 　在"时间轴"面板中按 End 键,将"当前时间指示器"调整至 00:00:03:24 帧位置,设置"起始"的值为 100%,系统将自动在该处创建一个关键帧,如图 6-41 所示。

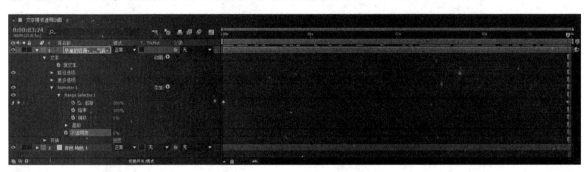

图 6-41

07 　单击"预览"面板中的"播放 / 暂停"按钮▶,即可看到动画播放的效果,如图 6-42 所示。

08 　从播放的动画预览中可以看到,该动画是一个文字逐渐透明显示的动画,而不是随机透明动画,展开"范围选择器"选项组中的"高级"选项,设置"随机排布"为"开启"状态,打开随机化命令,如图 6-43 所示。

09 　完成文字随机透明动画的制作,单击"预览"面板中的"播放 / 暂停"按钮▶,即可看到文字随机透明动画的效果,如图 6-44 所示。

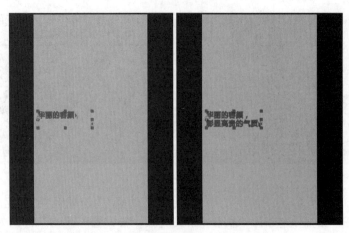

图 6-42

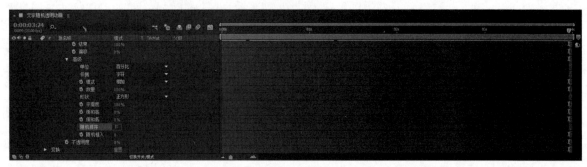

图 6-43

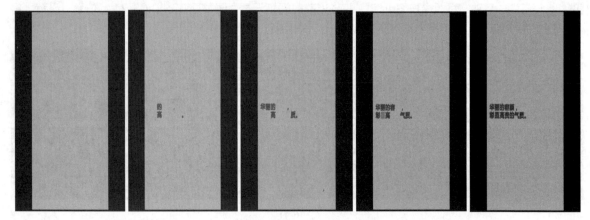

图 6-44

6.3.2 源文本

通过设置"源文本"属性，可以制作有关文字的颜色、文字内容、文字的字体或者描边等属性的动画，该属性动画的制作主要是通过"字符"面板和"段落"面板上的相关参数控制动画的。

启动 After Effects CC，执行"合成 > 新建合成"命令，弹出"合成设置"对话框，设置如图 6-45所示。双击"项目"面板，在弹出的对话框中选择相应的素材，单击"导入"按钮，在"项目"面板中选择刚导入的素材，将其拖曳至"时间轴"面板中，如图 6-46 所示。

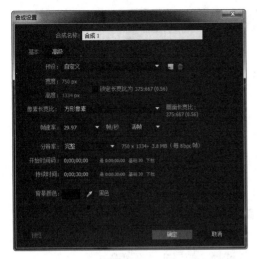

图 6-45　　　　　　　　　　　　　　　　　图 6-46

单击工具栏中的"横排文字工具"按钮，在"字符"面板中进行相应的设置，如图 6-47 所示。完成设置后，在"合成"窗口中的相应位置输入文字，效果如图 6-48 所示。

图 6-47　　　　　　　　图 6-48

在"时间轴"面板中，将"当前时间指示器"移至 0s 的位置，展开文本图层列表，单击"源文本"左侧的码表按钮，创建初始帧，如图 6-49 所示。

图 6-49

将"当前时间指示器"移至 1s 的位置，在"合成"面板中选中文字"字符"，在"字符"面板中修改"填充颜色"为 #C0267D，如图 6-50 所示，文字效果如图 6-51 所示。

图 6-50   图 6-51

修改完成后，在"时间轴"面板中将会自动添加一个关键帧，效果如图 6-52 所示。

图 6-52

6.3.3 动画选择器

展开"时间轴"面板中的文本图层，单击右侧的"动画"按钮 动画:O ，在弹出菜单中选择"位置"选项，此时在"时间轴"面板中即可出现"动画制作工具 1"选项组，单击该选项组右边的"添加"按钮，在弹出的下拉菜单中选择"选择器 > 表达式"选项，如图 6-53 所示。

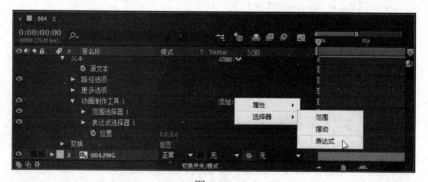

图 6-53

6.3.4 路径

在"时间轴"面板中展开文本图层，在"文字"选项组的列表中，除了以上讲述的"动画"选项和"源文本"选项外，还有一个"路径选项"的选项。

　　在"合成"窗口中创建文字并绘制路径，单击"路径"选项后的按钮，在其菜单中选择刚刚绘制好的路径，制作路径文字效果，如图 6-54 所示。为文字应用路径后，在"路径选项"选项下将有 5 个选项，用来控制文字与路径的排列关系，如图 6-55 所示。

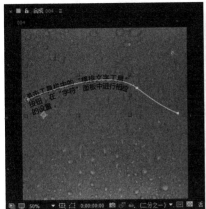

图 6-54

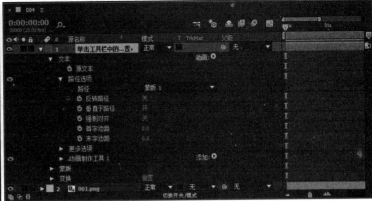

图 6-55

6.3.5　文本动画预设

　　除了根据参数的设置制作文字动画外，After Effects CC 还提供了系统自带的一些文本动画效果，可以直接调用，以便于后期能够制作出更加复杂的动画效果。

　　启动 After Effects CC，执行"合成 > 新建合成"命令，弹出"合成设置"对话框，设置如图 6-56 所示。双击"项目"面板，在弹出的对话框中选择素材，单击"导入"按钮，在"项目"面板中选择刚导入的素材，将其拖曳至"时间轴"面板中，如图 6-57 所示。

图 6-56

图 6-57

　　单击工具栏中的"横排文字工具"按钮，在"字符"面板中进行相应的设置，如图 6-58 所示。设置完成后，在"合成"窗口中输入文字，文字效果如图 6-59 所示。

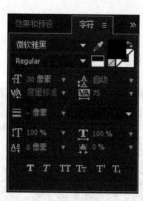

图 6-58   图 6-59

执行"动画 > 将动画预设应用于"命令，在弹出的"打开"对话框中进行设置，如图 6-60 所示。单击"打开"按钮，在"时间轴"面板中可以看到所选的动画效果已经应用到该项目文件中，如图 6-61 所示。

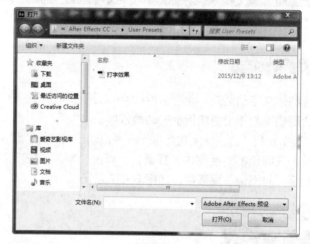

图 6-60

图 6-61

借助动画预设，可以保存和重复使用图层属性和动画的特定配置，包括关键帧、效果和表达式。例如，如果使用复杂属性设置、关键帧和表达式创建了使用多种效果的爆炸，则可将以上所有设置另存为单个动画预设。随后可将该动画预设应用到任何其他图层。

6.4　制作文字特效

文字作为 APP 中不可或缺的组成部分，经常扮演着极其重要的作用。在制作 APP 交互动画时，文字常常作为点睛之笔出现。文字特效的好坏直接影响到整个 APP 产品的成败。使用 After Effects 可以很容易地制作出丰富的文字效果。

6.4.1　基础文字特效

在制作文字特殊效果的时候，让文字动起来的效果还远远不够，有时还需要制作出特殊的文字效果，这些文本特效会经常在电影片头或宣传片中出现，因此掌握一些文字特效的制作方法是有必要的。

After Effects CC 为用户提供了专门针对文字编辑的滤镜特效，主要用于创建一些单纯使用文字工具不能实现的效果，例如重叠文字、流动的标题和屏幕等特殊的字幕效果，其中包含基础文字、路径文字等滤镜特效。

6.4.2　路径文字特效

利用路径文字特效可以很容易地使文字沿一条路径运动，可以定义任意直径的圆、直线或 Bezier 曲线作为路径，路径文字是 After Effects CC 中功能最为强大的特效之一。

执行"效果 > 文本 > 路径文字"命令，弹出"路径文字"对话框，如图 6-62 所示，"效果控件"面板如图 6-63 所示。

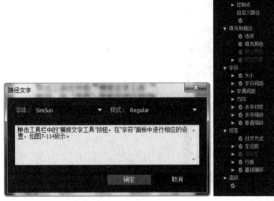
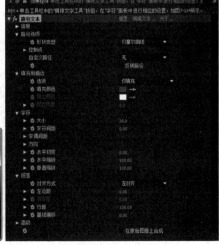

图 6-62　　　　　　　　　　　　　　图 6-63

6.4.3　数字特效

数字特效产生相关的数字效果，可以生成多种格式的随机或顺序数，可以编辑时间码、十六进制数字或者当前日期等，并且可以随时间的变化进行刷新。

执行"效果 > 文本 > 编码"命令，即可在弹出的"编号"对话框中进行设置，如图 6-64 所示，"效果控件"面板如图 6-65 所示。

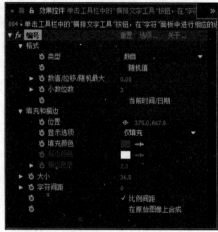

图 6-64   图 6-65

6.4.4　时间码特效

时间码特效可以在当前层上生成一个显示时间的码表效果，以动画的形式显示当前播放动画的时间长度，它是影视后期制作的时间依据，由于后期渲染的影片需要配音或者加入三维动画等，因此每一帧包含时间会有利于其他制作的配合。

执行"效果>文本>时间码"命令，应用该特效的参数设置如图6-66所示，应用后的效果如图6-67所示。

图 6-66   图 6-67

6.4.5　简单文字动画

这是一个通过对文字特效参数设置制作的简单动画效果，用户只有掌握了文字各种特效的设置，才能够得心应手地制作出有关于文字特效的动画效果。

实例 32

制作简单的 QQ 发表心情动画效果

教学视频：视频 \ 第 6 章 \6-4-5.mp4　　源文件：源文件 \ 第 6 章 \6-4-5.aep

实例分析：

　　QQ 中使用的交互动画是用户比较熟悉的，其简洁明了的表达方式受到人们欢迎，在本实例中主要实现 QQ 发表心情动画效果的制作，通过完成本实例的制作，对 APP 交互设计动画更加了解与掌握。

01 　启动 After Effects CC，执行"合成 > 新建合成"命令，弹出"合成设置"对话框，设置如图 6-68 所示，单击"确定"按钮。双击"项目"面板，在弹出的对话框中选择需要的素材，如图 6-69所示。

02 　单击"导入"按钮，将素材导入到项目中，如图 6-70 所示。将部分素材拖曳到"时间轴"面板中，并调整图层位置，如图 6-71 所示。

图 6-68

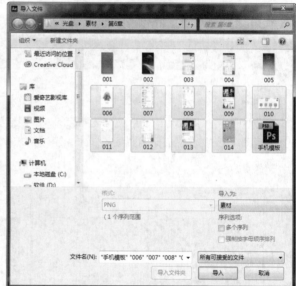

图 6-69

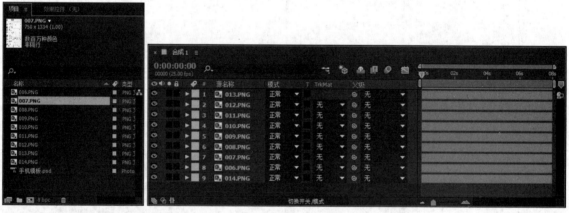

图 6-70　　　　　　　　　　　　　　图 6-71

03 对"时间轴"面板上的素材进行截取,如图6-72所示。

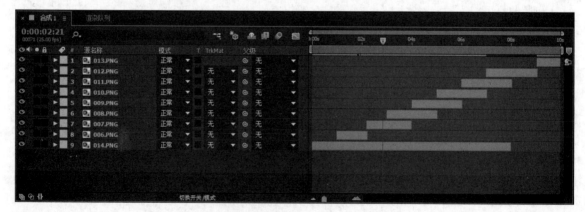

图 6-72

04 执行"图层>新建>文本"命令,如图6-73所示。新建文本图层,并对其进行截取,如图6-74所示。

图 6-73

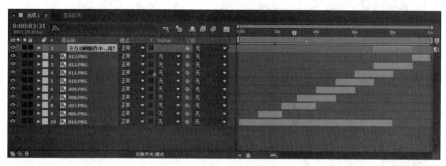

图 6-74

05 　选中图层 9，单击图层前的三角按钮，展开下拉列表，继续单击"变换"属性前的三角按钮，如图 6-75 所示。将时间码置于 1s 处，单击"缩放"选项前的添加关键帧按钮，并调整参数值，如图 6-76 所示。

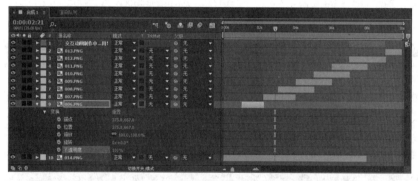

图 6-75

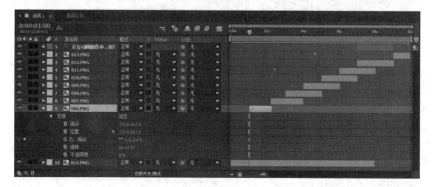

图 6-76

06 　将时间码置于 2s 处，调整"缩放"选项的参数值，如图 6-77 所示。将时间码置于 1s 的位置，单击"不透明"选项前的关键帧按钮，添加关键帧，并设置参数值，如图 6-78 所示。

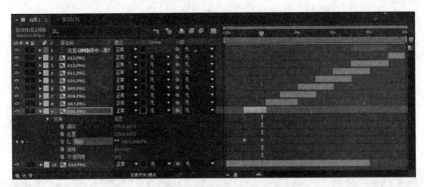

图 6-77

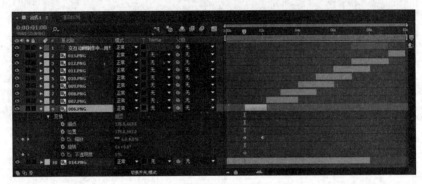

图 6-78

07 将时间码置于 1.5s 的位置，调整"不透明"选项的参数，如图 6-79 所示。继续将时间码置于 2s 的位置，调整"不透明"选项的参数，如图 6-80 所示。

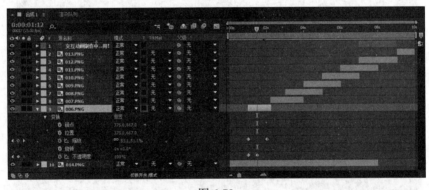

图 6-79

图 6-80

08 　单击图层 5 前的三角按钮，在"变换"属性中设置"不透明"选项的参数值为 90%，如图 6-81 所示。在"合成"窗口中观看效果，如图 6-82 所示。

图 6-81　　　　　　　　　　　　　　　　　　　　　　　图 6-82

09 　选中文本图层，使用"横排文字工具"在"合成"窗口中输入文字内容，如图 6-83 所示。单击文本图层前的三角按钮，在展开的下拉菜单中继续单击"文本"属性前的三角按钮，如图 6-84 所示。

图 6-83　　　　　　　　　　　　　　　　图 6-84

10 　单击"动画"按钮，在弹出的菜单中选择"不透明度"选项，如图 6-85 所示。查看"时间轴"面板的效果，如图 6-86 所示。

11 　设置"不透明度"选项的参数值为 0，如图 6-87 所示。

12 　单击"范围选择器 1"选项前的三角按钮，展开其下拉菜单，如图 6-88 所示。将当前时间指示器置于 7s 处，单击关键帧按钮，添加关键帧，并设置参数，如图 6-89 所示。

图 6-85　　　　　　　　　　　　　　　　　　图 6-86

图 6-87

图 6-88

图 6-89

13 将"当前时间指示器"置于 8.5s 处，单击关键帧按钮，添加关键帧，并设置参数，如图 6-90 所示。

图 6-90

14 选中名称为"手机模型"的素材，单击鼠标右键，在弹出的快捷菜单中选择"基于所选项新建合成"选项，如图 6-91 所示。新建合成，将合成 1 拖曳到"时间轴"面板中，如图 6-92 所示。

图 6-91

图 6-92

15 完成动画的制作，选中"手机模板"合成，执行"合成 > 添加到渲染队列"命令，如图 6-93 所示。对各项参数进行设置，单击渲染按钮，对动画进行渲染输出，如图 6-94 所示。

图 6-93

图 6-94

16 启动 Photoshop CC，如图 6-95 所示。执行 "文件 > 导入 > 视频帧到图层" 命令，弹出 "打开" 对话框，选择刚刚渲染生成的动画文件，如图 6-96 所示。

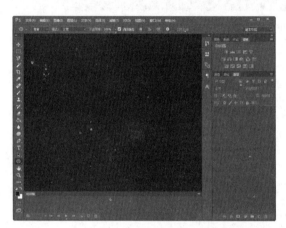

图 6-95

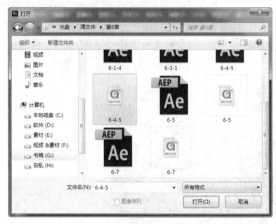

图 6-96

17 单击 "打开" 按钮，在弹出的 "将视频导入图层" 对话框中选择相应的选项，单击 "确定" 按钮。设置如图 6-97 所示。完成视频文件的导入，执行 "文件 > 导出 > 存储为 Web 所有格式" 命令，弹出 "存储为 Web 所有格式" 对话框，选择相应的选项并对其参数进行设置，如图 6-98 所示。

图 6-97

图 6-98

18 单击 "存储" 按钮，在弹出的 "将视频导入图层" 对话框中选择相应的选项，单击 "确定" 按钮。完成动画的制作与输出，观看其效果，如图 6-99 所示。

图 6-99

6.5　制作交互动画

　　根据前面掌握的交互动画制作知识点，通过本实例的实际操作，进一步掌握与学习文本图层在交互动画制作中的使用，同时掌握交互动画制作中的一些简单的基础常识。

实例 33　制作简单的 APP 交互动画效果

教学视频：视频 \ 第 6 章 \6-5.mp4　　　源文件：源文件 \ 第 6 章 \6-5.aep

实例分析：

　　本实例主要实现的是 APP 中常见的交互动画效果，此实例操作中包含了对文本图层的使用，以及对固态图层的使用等相关知识点，完成本实例的制作后，对交互动画的制作将更加熟悉。

01 ▼　启动 After Effects CC，执行"合成 > 新建合成"命令，弹出"合成设置"对话框，设置如图 6-100 所示，单击"确定"按钮。双击"项目"面板，在弹出的对话框中选择需要的素材，如图 6-101 所示。

图 6-100   图 6-101

02 单击"导入"按钮，将素材导入到项目中，如图 6-102 所示。将素材拖曳到"时间轴"面板中，并调整图层的位置，如图 6-103 所示。

图 6-102   图 6-103

03 执行"图层 > 新建 > 纯色"命令，创建一个纯色图层，在"时间轴"面板上调整纯色图层位置，如图 6-104 所示。

图 6-104

04 选中"纯色"图层，执行"效果 > 生成 > 梯度渐变"命令，如图 6-105 所示。在效果控件面板中设置各项参数，如图 6-106 所示。

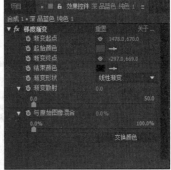

图 6-105　　　　　　　　　　　　　　　　　　　　图 6-106

05 选中图层 5，执行"图层 > 新建 > 形状图层"命令，如图 6-107 所示。默认在图层 5 上创建一个形状图层，此时图层的序列号将重新排列，如图 6-108 所示。

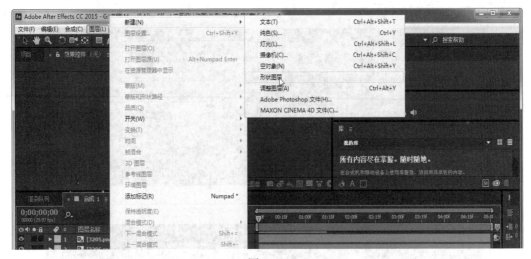

图 6-107

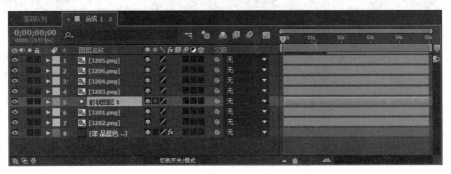

图 6-108

06 选中"形状图层"，使用"矩形工具"在"合成"窗口中绘制一个矩形，如图 6-109 所示。将"时间轴"面板上的素材片段截取，如图 6-110 所示。

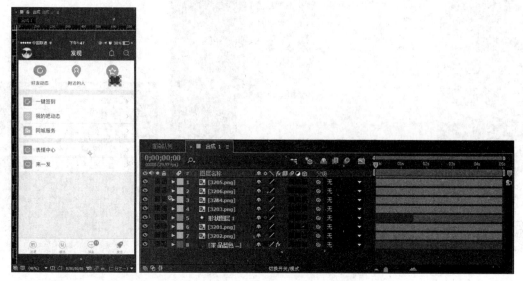

图 6-109　　　　　　　　　　　　　　　　　　　图 6-110

07 选中"图层 7"，添加位置关键帧，在"变换"属性中设置"位置"选项参数，如图 6-111 所示。在"缩放"选项中设置各项参数，添加关键帧，如图 6-112 所示。

图 6-111

图 6-112

08 使用"横排文字工具"，在"字符"面板中设置相应的参数值，如图 6-113 所示。在"合成"窗口中输出文字内容，如图 6-114 所示。

图 6-113　　　　　　　　图 6-114

09 展开"文本"图层的"变换"属性，添加位置关键帧，并设置相应的参数，如图 6-115 所示。

图 6-115

10 使用相同的方法继续创建文本图层，输入相应的文字内容，如图 6-116 所示。展开"变换"属性，添加关键帧，并设置相应的参数值，如图 6-117 所示。

图 6-116

图 6-117

11 ∨ 使用相同的方法，为其他两个形状添加相应属性的关键帧，并设置参数值，如图 6-118 所示。

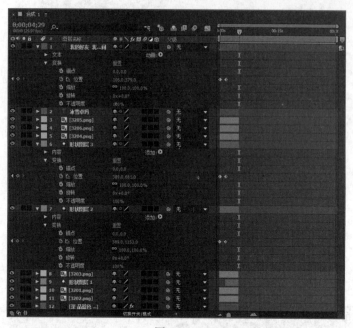

图 6-118

12 ∨ 完成动画的制作，选中"合成 1"，执行"合成 > 添加到渲染队列"命令，如图 6-119 所示。
对各项参数进行设置，单击"渲染"按钮，对动画进行渲染输出，如图 6-120 所示。

图 6-119

图 6-120

13 ∨ 启动 Photoshop CC，如图 6-121 所示。执行"文件 > 导入 > 视频帧到图层"命令，弹出"打
开"对话框，选择刚刚渲染生成的动画文件，如图 6-122 所示。

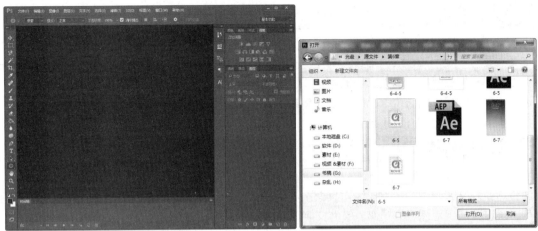

图 6-121   图 6-122

14 ⯆ 单击"打开"按钮,在弹出的"将视频导入图层"对话框中选择相应的选项,单击"确定"按钮。设置如图 6-123 所示。完成视频文件的导入,执行"文件 > 导出 > 存储为 Web 所有格式"命令。弹出"存储为 Web 所有格式"对话框,选择相应的选项并对其参数进行设置,如图 6-124 所示。

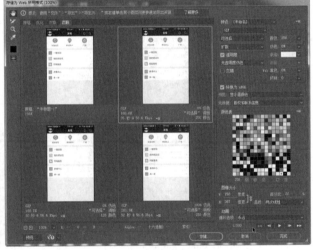

图 6-123   图 6-124

15 ⯆ 单击"存储"按钮,在弹出的"将视频导入图层"对话框中选择相应的选项,单击"确定"按钮。完成动画的制作与输出,观看其效果,如图 6-125 所示。

图 6-125

6.6 本章小结

本章主要对 After Effects 中的文字动画进行详细的介绍，分别介绍了创建各种类型文字的方法，不同类型文字的相互转换、设置文字的属性，以及通过文字属性参数的设置制作交互动画中的文字效果。通过本章的学习，相信读者已经很好地掌握了 After Effects 中文字的使用方法和技巧。

6.7 课后练习

通过本章对文字动画的学习已经对其有了一定的了解，在接下来的课后练习中，对其进行巩固性的学习，通过完成课后练习的操作，掌握文字动画的制作。

制作文字动画
教学视频：视频 \ 第 6 章 \6-7.mp4　　源文件：源文件 \ 第 6 章 \6-7.aep

01 　启动 After Effects，新建合成，并在"合成设置"对话框中设置相应的参数。

02 　将素材图片导入到项目中，并将其拖曳到"时间轴"面板上。

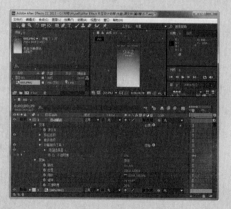

03 　使用"圆角矩形工具"绘制两个圆角矩形，并调整位置。

04 　使用文字工具输入文字内容，并设置相应的属性。

05 完成设置，按键盘上的空格键，预览效果。

第 7 章　色彩校正特效与抠像技术

本章知识点

- ✔ 掌握色彩校正特效
- ✔ 掌握色彩校正特效的应用
- ✔ 了解抠像的应用
- ✔ 掌握键控抠像技术
- ✔ 掌握抠像技术的应用

在 After Effects CC 中的"效果"菜单中，提供了"颜色校正"特效组，通过使用该特效组中提供的相关命令，可以对影片中的图像色调进行调整处理，主要是通过对图像的明暗、对比度、饱和度以及色相等进行调整，从而达到改善图像色彩效果的目的，以便更好地控制影片的色彩信息，制作出理想的动画效果。同时 After Effects CC 中的抠像技术的应用是影视制作领域中运用较为广泛的一种技术，其原理是将图像中不需要的部分变为透明，从而将其抠除掉，而将留下的部分与其他的图层进行叠加与合成，制作出非常震撼、实际拍摄中也拍摄不到的效果。在制作交互动画时也可以使用，这样可以使得交互动画变得更加完美。

7.1　如何应用色彩调整

　　想要在 After Effects 中使用相应的色彩校正命令对图像的色彩进行调整，首先需要了解色彩校正的应用方法，应用色彩调整的方法如下。

　　首先，在"时间轴"面板中选择需要应用色彩校正特效的层。然后，在"特效和预设"面板中展开"颜色校正"特效组，然后双击其中某个需要应用的色彩校正特效选项。最后，打开"效果控件"面板，对所应用的特效的相关选项进行设置。

7.2　色彩校正特效

　　在图像处理过程中，经常需要对图像颜色进行调整，例如调整图像的色彩、亮度、对比度、明暗度等。在 After Effects CC 中，提供了"色彩校正"特效组，其中包括 CC Color Neutralizer(CC 色彩调和)、CC Color Offset(CC 色彩偏移)、CC Kernel(CC 颗粒)、CC Toner(CC 色调)、PS 任意映射、保留颜色更改为颜色、更改颜色、广播颜色、黑色和白色、灰度系数 / 基值 / 增益、可选颜色、亮度和对比度、曝光度、曲线、三色调、色调、色调均化、色光、色阶、色阶 (单独控件)、色相 / 饱和度、通道混合器、颜色链接、颜色平衡、颜色平衡 (HLS)、颜色稳定器、阴影 / 高光、照片过滤器、自动对比度、自动色阶、自动颜色和自然饱和度共 33 个色彩校正特效，如图 7-1 所示。

图 7-1

7.2.1　CC Color Neutralizer(CC 色彩调和)

　　CC Color Neutralizer(CC 色彩调和) 特效可以分别为图像中的阴影、高光、中间调设置相应的颜色，从而达到调和图像颜色的效果，如图 7-2 所示为应用 CC Color Neutralizer(CC 色彩调和)特效前后效果对比。

应用前　　　　　　　　应用后

图 7-2

　　为层添加 CC Color Neutralizer(CC 色彩调和) 特效后，可以在"效果控件"面板中对 CCColor Neutralizer(CC 色彩调和) 特效的相关参数进行设置，如图 7-3 所示。

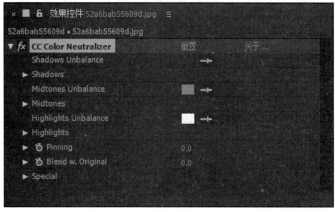

图 7-3

7.2.2 CC Color Offset(CC 色彩偏移)

CC Color Offset(CC 色彩偏移) 特效主要用于分别对图像的 R(红)、G(绿)、B(蓝) 色相进行调整。如图 7-4 所示为应用 CC Color Offset(CC 色彩偏移) 特效前后效果对比。

应用前　　　　　　　　　应用后

图 7-4

为层添加 CC Color Offset(CC 色彩偏移) 特效后，可以在"效果控件"面板中对 CC Color Offset(CC 色彩偏移) 特效的相关参数进行设置，如图 7-5 所示。

图 7-5

7.2.3 CC Kernel(CC 颗粒)

CC Kernel(CC 颗粒) 特效用于调整图像的高光部分，可以调整画面颜色的高光颗粒效果。如图 7-6 所示为应用 CC Kernel(CC 颗粒) 特效前后效果对比。

为层添加 CC Kernel(CC 颗粒) 特效后，可以在"效果控件"面板中对 CC Kernel(CC 颗粒) 特效的相关参数进行设置，如图 7-7 所示。

<table>
<tr><td>应用前</td><td>应用后</td></tr>
</table>

图 7-6

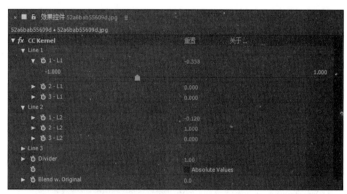

图 7-7

7.2.4　CC Toner(CC 色调)

　　CC Toner(CC 色调) 特效用于改变图像的颜色，在该特效中可以通过对图像的高光颜色、中间色调和阴影颜色分别进行调整来改变图像颜色。如图 7-8 所示为应用 CC Toner(CC 色调) 特效前后效果对比。

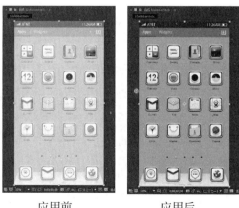

<table>
<tr><td>应用前</td><td>应用后</td></tr>
</table>

图 7-8

为层添加 CC Toner(CC 色调) 特效后，可以在"效果控件"面板中对 CC Toner(CC 色调) 特效的相关参数进行设置，如图 7-9 所示。

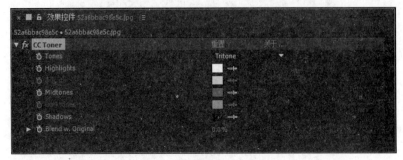

图 7-9

7.2.5 PS 任意映射

"PS 任意映射"特效用于调整图像色调的亮度级别。如同在 Photoshop 文件中，可以设置一个层的映射文件，然后应用到整个层。如图 7-10 所示为应用"PS 任意映射"特效前后效果对比。

应用前　　　　　　应用后

图 7-10

为层添加"PS 任意映射"特效后，可以在"效果控件"面板中对"PS 任意映射"特效的相关参数进行设置，如图 7-11 所示。

图 7-11

7.2.6 保留颜色

"保留颜色"特效可以通过设置颜色来指定图像中所需要保留的颜色，将图像中其他的颜色转换为灰度效果。如图 7-12 所示为应用"保留颜色"特效前后效果对比。

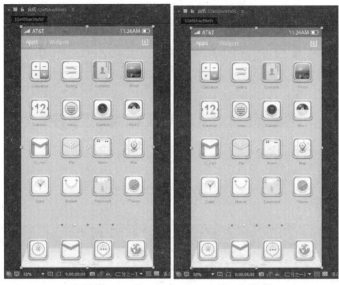

应用前　　　　　　　　　　　应用后

图 7-12

为层添加"保留颜色"特效后，可以在"效果控件"面板中对"保留颜色"特效的相关参数进行设置，如图 7-13 所示。

图 7-13

7.2.7 更改为颜色和更改颜色

在"色彩校正"特效中包含了"更改为颜色"和"更改颜色"，两种特效看似相近，但是实质上是有所区别的，接下来通过对这两种特效逐一地学习，掌握其两者之间的实质不同。

▶ 1. 更改为颜色

"更改为颜色"特效可以选择图像中的一种色彩，将其转换为另外一种色彩。该效果可以改变所选颜色的色相、亮度、饱和度值，而图像中的其他色彩不受影响。如图 7-14 所示为应用"更改为颜色"特效前后效果对比。

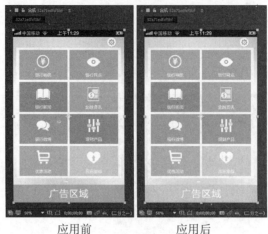

应用前　　　　　　　　应用后

图 7-14

为层添加"更改为颜色"特效后,可以在"效果控件"面板中对"更改为颜色"特效的相关参数进行设置,如图 7-15 所示。

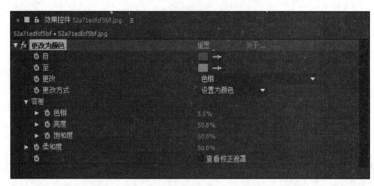

图 7-15

▶ 2. 更改颜色

"更改颜色"特效用于改变图像中某种颜色的色调饱和度和亮度。可以作某一种基色和设置相似的值来确定需要改变的颜色。如图 7-16 所示为应用"更改颜色"特效前后效果对比。

应用前　　　　　　　　应用后

图 7-16

为层添加"更改颜色"特效后,可以在"效果控件"面板中对"更改颜色"特效的相关参数进行设置，如图 7-17 所示。

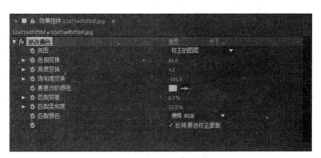

图 7-17

7.2.8 广播颜色和黑白颜色

"广播颜色"特效主要用于对图像的颜色值进行测试，因为计算机本身与电视播放色彩有很大的差异，电视设备仅能表现某个幅度以下的信号，使用该特效就可以测试影片的亮度及饱和度是否在某个幅度以下的信号安全范围内，以免产生不理想的电视画面效果。如图 7-18 所示为应用"广播颜色"特效前后效果对比。

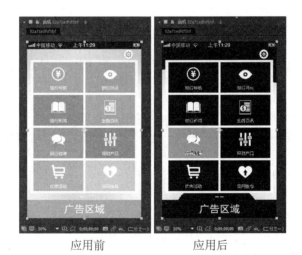

应用前   应用后

图 7-18

"广播颜色"特效可以将图像的亮度或色彩值保持在电视允许的范围内，色彩由色彩通道的亮度产生，因此该特效主要是限制亮度，亮度在视频模拟信号中对应于波形的振幅。"广播颜色"特效的相关设置选项如图 7-19 所示。

图 7-19

"黑色和白色"特效主要用来处理各种黑白图像，创建各种风格的黑白效果，并且可编辑性很强。它还可以通过简单的色调应用，将彩色图像或灰度图像处理成单色图像。如图 7-20 所示为应用"黑色和白色"特效前后效果对比。

应用前　　　　　　　　　　　　应用后

图 7-20

为层添加"黑色和白色"特效后，可以在"效果控件"面板中对"黑色和白色"特效的相关参数进行设置，如图 7-21 所示。

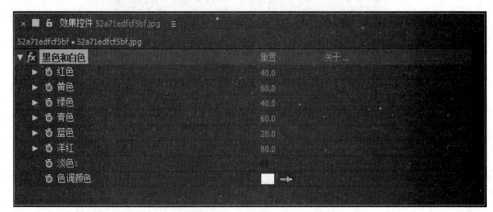

图 7-21

7.2.9　灰度系数 / 基值 / 增益和可选颜色

▶1. 灰度系数 / 基值 / 增益

　　"灰度系数 / 基值 / 增益"特效用来调整每个 RGB 独立通道的还原曲线值，这样可以分别对某种颜色进行输出曲线控制。对于基值和增益，设置 0 为完全关闭，设置 1 为完全打开。如图 7-22 所示为应用"灰度系数 / 基值 / 增益"特效前后效果对比。

　　为层添加"灰度系数 / 基值 / 增益"特效后，可以在"效果控件"面板中对"灰度系数 / 基值 / 增益"特效的相关参数进行设置，如图 7-23 所示。

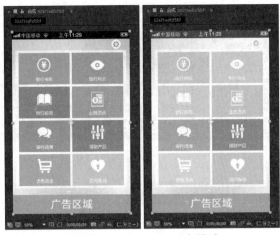

应用前　　　　　　　应用后

图 7-22

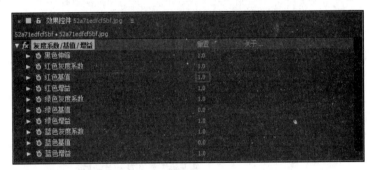

图 7-23

2. 可选颜色

"可选颜色"特效可以对图像中的某种颜色进行校正，以调整图像中不平衡的颜色，其最大的好处就是可以单独调整某一种颜色，而不影响图像中的其他颜色。如图 7-24 所示为应用"可选颜色"特效前后效果对比。

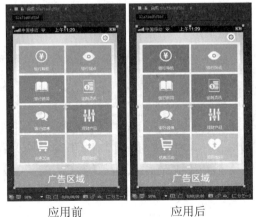

应用前　　　　　　　应用后

图 7-24

为层添加"可选颜色"特效后，可以在"特效控制"面板中对"可选颜色"特效的相关参数进行设置，如图 7-25 所示。

图 7-25

7.2.10 亮度和对比度以及曝光度

▶ 1. 亮度和对比度

"亮度和对比度"特效用于调整整个层的亮度和对比度，它只针对全层的亮度和对比度进行调整，不能单独调整某一个通道。如图 7-26 所示为应用"亮度和对比度"特效前后效果对比。

应用前　　　　　　应用后

图 7-26

为层添加"亮度和对比度"特效后，可以在"效果控件" 面板中对"亮度和对比度"特效的相关参数进行设置，如图 7-27 所示。

图 7-27

▶ 2. 曝光度

"曝光度"特效用来调整图像的曝光程度，可以通过通道的选择来设置图像曝光的通道。如图 7-28 所示为应用"曝光度"特效前后效果对比。

为层添加"曝光度"特效后，可以在"效果控件"面板中对"曝光度"特效的相关参数进行设置，如图 7-29 所示。

应用前　　　　　　应用后

图 7-28

图 7-29

7.2.11　曲线和三色调

▶ 1. 曲线

　　"曲线"特效用于调整图像的色调曲线。After Effects 中的"曲线"控制与 Photoshop 中的曲线控制功能类似，可以对图像的各个通道进行控制，调整图像色调范围，可以使用 0~255 的灰阶调整颜色。"曲线"特效是 After Effects 中非常重要的一个调色工具。如图 7-30 所示为应用"曲线"特效前后效果对比。

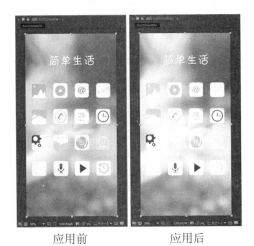

应用前　　　　　　应用后

图 7-30

为层添加"曲线"特效后，可以在"效果控件"面板中对"曲线"特效的相关参数进行设置，如图 7-31 所示。

2. 三色调

"三色调"特效可以分别将图像中的高光、中间调和阴影区域的颜色替换成指定的颜色。如图 7-32 所示为应用"三色调"特效前后效果对比。

图 7-31

应用前　　　　　　应用后

图 7-32

为层添加"三色调"特效后，可以在"效果控件"面板中对"三色调"特效的相关参数进行设置，如图 7-33 所示。

"三色调"特效与"CC Toner(CC 调色)"特效各选项的含义相同，这里不再赘述。

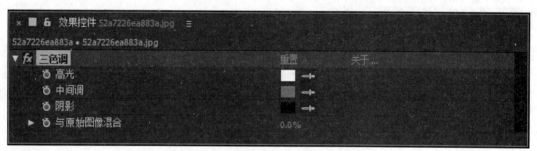

图 7-33

7.2.12　色调、色调均化和色光

1. 色调

"色调"特效用来调整图像中包含的颜色信息，在图像的最亮和最暗之间确定融合度。图像的黑色和白色像素分别被映射到指定的颜色，介于两者之间的颜色被赋予对应的中间值。如图 7-34 所示为应用"色调"特效前后效果对比。

应用前　　　　　　应用后

图 7-34

为层添加"色调"特效后，可以在"效果控件"面板中对"色调"特效的相关参数进行设置，如图 7-35 所示。

图 7-35

▶ 2. 色调均化

"色调均化"特效可以实现颜色均衡的效果。它自动以白色取代图像中最亮的像素；以黑色取代图像中最暗的像素；平均分配白色与黑色间的阶段取代最亮与最暗之间的像素。如图 7-36 所示为应用"色调均化"特效前后效果对比。

应用前　　　　　　应用后

图 7-36

为层添加"色调均化"特效后，可以在"效果控件"面板中对"色调均化"特效的相关参数进行设置，如图 7-37 所示。

图 7-37

▶ 3. 色光

色光特效是一种功能强大的通用效果，可用于在图像中转换颜色和为其设置动画。使用色光效果，可以为图像巧妙地着色，也可以彻底更改其调色板，如图 7-38 所示为应用"色光"特效前后效果对比。

应用前　　　　　应用后

图 7-38

为图层添加"色光"特效后，可以在"效果控件"面板中对"色光"特效的相关参数进行设置，如图 7-39 所示。

图 7-39

"色光"特效采用以下方式发挥作用：先将指定颜色属性转换为灰度，然后将灰度值重映射到一次或多次循环的指定输出调色板。一次循环的输出调色板将显示在"输出循环"轮上。黑色像素会映射到此轮上面的颜色；浅灰色会逐渐映射到围绕此轮顺时针旋转的连续颜色。

7.2.13　色阶和色阶（单独控件）

▶ 1. 色阶

"色阶"特效是一个常用的调色特效工具，用于将输入的颜色范围重新映射到输出的颜色范围，还可以改变 Gamma 校正曲线，"色阶"主要用于基本的影像质量调整。如图 7-40 所示为应用"色阶"特效前后效果对比。

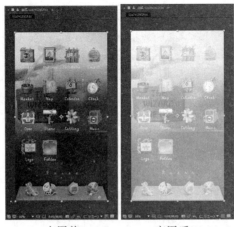

应用前　　　　　　　应用后

图 7-40

为层添加"色阶"特效后，可以在"效果控件"面板中对"色阶"特效的相关参数进行设置，如图 7-41 所示。

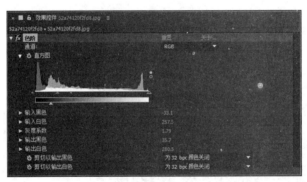

图 7-41

▶ 2. 色阶（单独控件）

"色阶（单独控件）"特效与"色阶"特效的应用方法相同，只是在控制图像的亮度、对比度和灰度系数值时，对图像的通道进行单独控制，更细化了控制的效果。如图 7-42 所示为应用"色阶（单独控件）"特效前后效果对比。

为层添加"色阶（单独控件）"特效后，可以在"效果控件"面板中对"色阶（单独控件）"特效的相关参数进行设置，如图 7-43 所示。

该特效的各设置选项含义与"色阶"特效各设置选项含义相同，在这里不再赘述。

应用前　　　　　　　　　　应用后

图 7-42

229

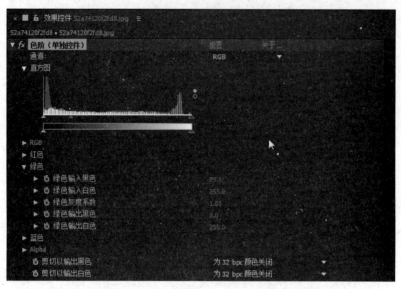

图 7-43

7.2.14　色相 / 饱和度

"色相 / 饱和度"特效用于调整图像的色相和饱和度，可以专门针对图像的色相、饱和度、亮度等进行细微的调整。如图 7-44 所示为应用"色相 / 饱和度"特效前后效果对比。

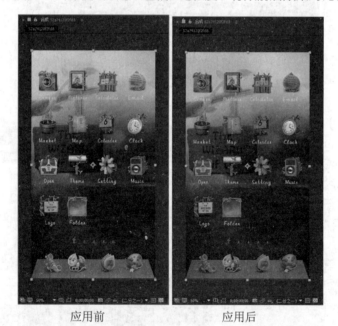

应用前　　　　　　　　　　应用后

图 7-44

为层添加"色相 / 饱和度"特效后，可以在"效果控件" 面板中对"色相 / 饱和度"特效的相关参数进行设置，如图 7-45 所示。

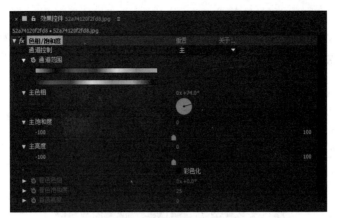

图 7-45

7.2.15　通道混合器和颜色链接

》1. 通道混合器

　　"通道混合器"特效可以使用当前颜色通道的混合值来修改指定的某一个色彩通道，可以获得灰阶图或其他色调的图像来交换和复制通道。如图 7-46 所示为应用"通道混合器"特效前后效果对比。

应用前　　　　　　　应用后

图 7-46

　　为层添加"通道混合器"特效后，可以在"效果控件"面板中对"通道混合器"特效的相关参数进行设置，如图 7-47 所示。

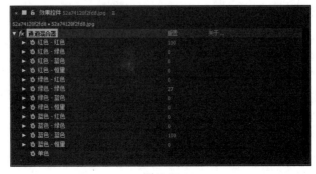

图 7-47

2. 颜色链接

"颜色链接"特效可以将当前图像颜色信息覆盖在当前层上，以改变当前图像的颜色，通过不透明度和混合模式的设置，可以得到不同的图像颜色效果。如图 7-48 所示为应用"颜色链接"特效前后效果对比。

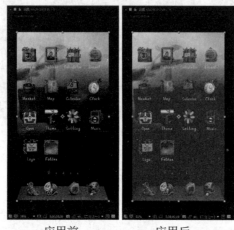

应用前　　　　　应用后

图 7-48

为层添加"颜色链接"特效后，可以在"效果控件"面板中对"颜色链接"特效的相关参数进行设置，如图 7-49 所示。

图 7-49

7.2.16　颜色平衡和颜色平衡 (HLS)

1. 颜色平衡

"颜色平衡"特效通过调整图像阴影、中间调和高光的颜色强度来调整素材的色彩均衡。通常使用"颜色平衡"特效校正偏色。如图 7-50 所示为应用"颜色平衡"特效前后效果对比。

为层添加"颜色平衡"特效后，可以在"效果控件"面板中对"颜色平衡"特效的相关参数进行设置，如图 7-51 所示。

2. 颜色平衡 (HLS)

"颜色平衡 (HLS)"特效与"颜色平衡"特效很相似，不同的是，"颜色平衡 (HLS)"特效调整图像的不是 RGB 而是 HLS，即调整图像的色相、亮度及饱和度。如图 7-52 所示为应用"颜色平衡 (HLS)"特效前后效果对比。

应用前　　　　　　　　应用后

图 7-50

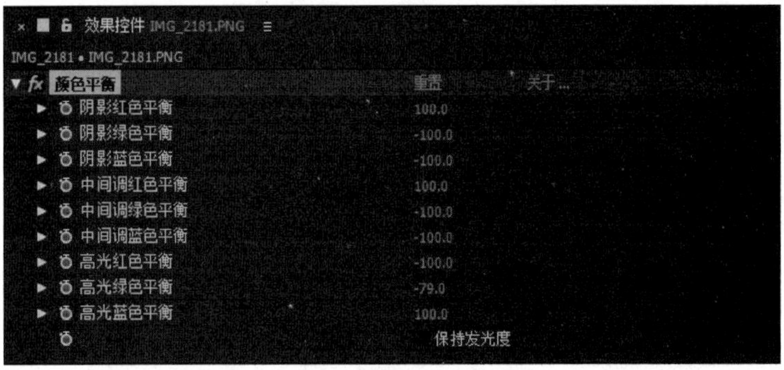

图 7-51

应用前　　　　　　　　应用后

图 7-52

　　为层添加"颜色平衡 (HLS)"特效后，可以在"效果控件"面板中对"颜色平衡 (HLS)"特效的相关参数进行设置，如图 7-53 所示。

图 7-53

7.2.17 颜色稳定器和阴影 / 高光

❱ 1. 颜色稳定器

"颜色稳定器"特效可以根据周围的环境改变素材的颜色，这对于将合成进来的素材与周围环境光进行统一非常有效。

为层添加"颜色稳定器"特效后，可以在"效果控件"面板中对"颜色稳定器"特效的相关参数进行设置，如图 7-54 所示。

图 7-54

❱ 2. 阴影 / 高光

"阴影 / 高光"特效可以通过自动曝光补偿方式来修正图像，单独处理阴影区域或高光区域，经常用来处理逆光画面背光部分的细节丢失，或者强光下亮部细节丢失的问题。如图 7-55 所示为应用"阴影 / 高光"特效前后效果对比。

应用前   应用后

图 7-55

为层添加"阴影 / 高光"特效后，可以在"效果控件"面板中对"阴影 / 高光"特效的相关参数进行设置，如图 7-56 所示。

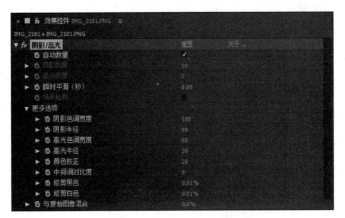

图 7-56

7.2.18　照片滤镜

　　"照片过滤器"特效的作用就是为画面加上合适的滤镜。当拍摄时，如果需要特定的光线感觉，往往要为摄像器材的镜头加上适当的滤光镜或偏光镜。如果在拍摄素材时，没有合适的滤镜，使用"照片过滤器"特效可以在后期对这个过程进行补偿。如图 7-57 所示为应用"照片过滤器"特效前后效果对比。

应用前　　　　　　　　　应用后

图 7-57

7.2.19　自动对比度、色阶和颜色

▶ 1. 自动对比度

　　"自动对比度"特效能够自动分析层中所有对比度和混合的颜色，将最亮和最暗的像素映射到图像的白色和黑色中，使高光部分更亮，阴影部分更暗。如图 7-58 所示为应用"自动对比度"特效前后效果对比。

　　为层添加"自动对比度"特效后，可以在"效果控件"面板中对"自动对比度"特效的相关参数进行设置，如图 7-59 所示。"自动对比度"特效的设置选项与"自动颜色"特效的设置选项相同，这里不再赘述。

▶ 2. 自动色阶

　　"自动色阶"特效用于自动设置高光和阴影，将在每个存储白色和黑色的色彩通道中定义最亮和最暗的像素，再按比例分布中间像素值。如图 7-60 所示为应用"自动色阶" 特效前后效果对比。

应用前   应用后

图 7-58

图 7-59

图 7-60

为层添加"自动色阶"特效后，可以在"效果控件"面板中对"自动色阶"特效的相关参数进行设置，如图 7-61 所示。"自动色阶"特效的设置选项与"自动颜色"特效的设置选项相同，这里不再赘述。

图 7-61

▶ 3. 自动颜色

"自动颜色"特效可以对图像进行自动色彩的调整，该特效是根据图像的高光、中间色和阴影色的值来调整原图像的对比度和色彩。如图 7-62 所示为应用"自动颜色"特效前后效果对比。

图 7-62

在默认情况下，"自动颜色"特效会使用 RGB 值均为 128 的灰色作为目标色，用来压制中间色的色彩范围，并且降低阴影和高光的像素值为 0.10%，如图 7-63 所示为"自动颜色"特效的设置选项。

图 7-63

7.2.20　自然饱和度

"自然饱和度"特效在调整图像饱和度的时候会保护已经饱和的像素，即在调整时会大幅增加不饱和像素的饱和度，而对已经饱和的像素只做很少、很细微的调整，这样不但能够增加图像某一部分的色彩，而且还能使整幅图像的饱和度趋于正常。如图 7-64 所示为应用"自然饱和度"特效前后效果对比。

为层添加"自然饱和度"特效后，可以在"效果控件"面板中对"自然饱和度"特效的相关参数进行设置，如图 7-65 所示。

应用前　　　　　　　　　　应用后

图 7-64

图 7-65

7.3　色彩校正特效的应用

前面已经介绍了"色彩校正"特效组中的各种特效的作用和使用方法，本节将通过实例的操作练习，使读者掌握色彩校正特效的实际应用与操作。

实例 34　交互动画制作中色彩校正的应用

教学视频：视频 \ 第 7 章 \7-3.mp4　　　源文件：源文件 \ 第 7 章 \7-3.aep

实例分析：

通过完成本实例，对交互动画制作中的颜色校正有正确的了解，正确掌握色彩校正的使用方法与使用环境，以及使用色彩校正的好处等。

01 　启动 After Effects CC，执行"合成 > 新建合成"命令，弹出"合成设置"对话框，设置如图 7-66 所示，单击"确定"按钮。双击"项目"面板，在弹出的对话框中选择需要的素材，如图 7-67 所示。

图 7-66　　　　　　　　　　　　　　　　　　图 7-67

02 　单击"导入"按钮，将素材导入到项目中，如图 7-68 所示。将部分素材拖曳到"时间轴"面板中，并调整图层的位置，如图 7-69 所示。

图 7-68　　　　　　　　　　　　　　　　　　图 7-69

03 　对"时间轴"面板上的素材进行截取，如图 7-70 所示。

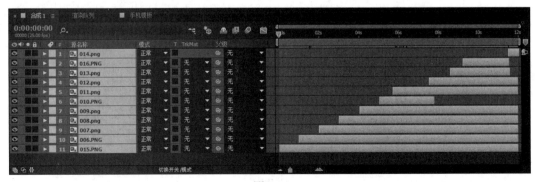

图 7-70

04 　执行"图层 > 新建 > 文本"命令，如图 7-71 所示。新建文本图层，并对其进行截取和调整图层位置，如图 7-72 所示。

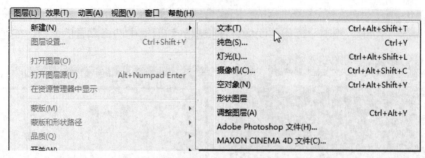

图 7-71

图 7-72

05 选中图层 11，单击图层前的三角按钮，展开下拉列表，继续单击"变换"属性前的三角按钮，如图 7-73 所示。将时间码置于 1s 处，单击"缩放"选项前的添加关键帧按钮，并调整参数值，如图 7-74 所示。

图 7-73

图 7-74

06 将时间码置于 2s 处，调整"缩放"选项的参数值，如图 7-75 所示。

07 单击图层 7 前的三角按钮，在"变换"属性中设置"不透明度"选项的参数值为 90%，如图 7-76 所示。在"合成"窗口中观看效果，如图 7-77 所示。

图 7-75

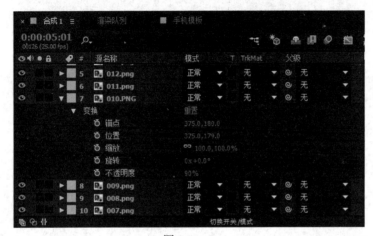

图 7-76

图 7-77

08 选中图层 6，单击图层前的三角按钮，展开下拉列表，继续单击"变换"属性前的三角按钮，如图 7-78 所示。将时间码置于 6s 处，单击"位置"选项前的添加关键帧按钮■，并调整参数值，如图 7-79 所示。

图 7-78

图 7-79

09 将时间码置于相应的位置，调整"位置"选项的参数值，如图 7-80 所示。使用相同的方法添加"缩放"关键帧，并设置参数值，如图 7-81 所示。

图 7-80

图 7-81

10 选中文本图层，使用"横排文字工具"在"合成"窗口中输入文字内容，如图 7-82 所示。单击文本图层前的三角按钮，在展开的下拉菜单中继续单击"文本"属性前的三角按钮，如图 7-83 所示。

图 7-82

图 7-83

11 单击"动画"按钮，在弹出的菜单中选择"不透明"选项，如图 7-84 所示。观看"时间轴"面板效果，如图 7-85 所示。

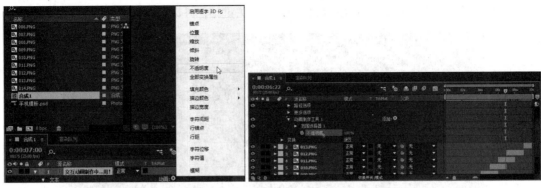

图 7-84　　　　　　　　　　　　　　　　　　图 7-85

12　设置"不透明"选项的参数值为 0，如图 7-86 所示。

图 7-86

13　单击"范围选择器 1"选项前的三角按钮，展开其下拉菜单，如图 7-87 所示。将时间码置于 9.5s处，单击关键帧按钮，添加关键帧，并设置参数，如图 7-88 所示。

图 7-87

图 7-88

14 将时间码置于 11s 处，单击关键帧按钮，添加关键帧，并设置参数，如图 7-89 所示。

图 7-89

15 选中名称为"手机模板"的素材，单击鼠标右键，在弹出的快捷菜单中选择"基于所选项新建合成"选项，如图 7-90 所示。新建合成，将合成 1 拖曳到"时间轴"面板中，如图 7-91 所示。

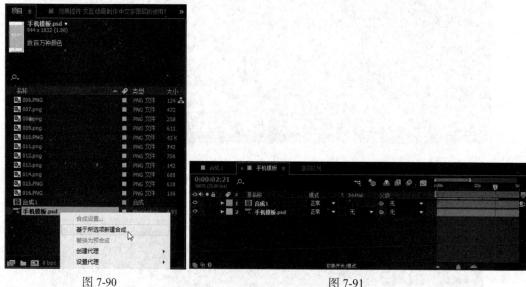

图 7-90　　　　　　　　　　　　　　　　　图 7-91

16 完成动画的制作，在"时间轴"面板中选中图层"合成 1"，执行"效果 > 颜色校正 > 曲线"命令，如图 7-92 所示。在"效果控件"面板中对其进行参数的设置，如图 7-93 所示。

图 7-92

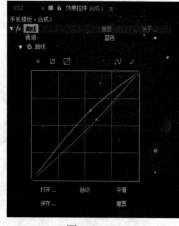

图 7-93

17 完成动画的制作，选中"手机模板"合成，执行"合成 > 添加到渲染队列"命令，如图 7-94 所示。对各项参数进行设置，单击渲染按钮，对动画进行渲染输出，如图 7-95 所示。

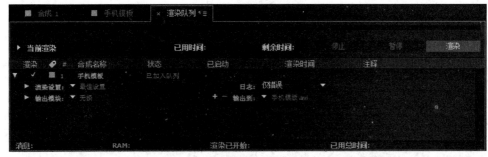

图 7-94

图 7-95

18 启动 Photoshop CC，如图 7-96 所示。执行"文件 > 导入 > 视频帧到图层"命令，弹出"打开"对话框，选择刚刚渲染生成的动画文件，如图 7-97 所示。

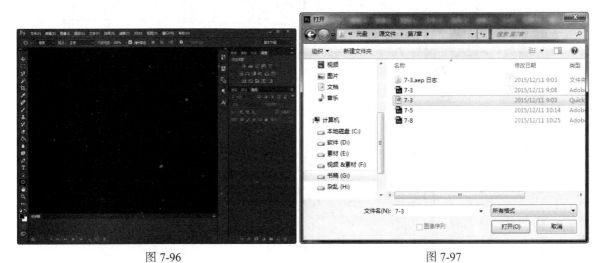

图 7-96   图 7-97

19 单击"打开"按钮，在弹出的"将视频导入图层"对话框中选择相应的选项，设置如图 7-98 所示，单击"确定"按钮，完成视频文件的导入，执行"文件 > 导出 > 存储为 Web 所有格式"命令，弹出"存储为 Web 所有格式"对话框，选择相应的选项并对其参数进行设置，如图 7-99 所示。

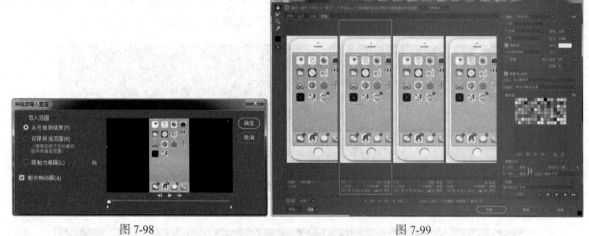

图 7-98   图 7-99

20 单击"存储"按钮，在弹出的"将视频导入图层"对话框中选择相应的选项，单击"确定"按钮。完成动画的制作与输出，观看其效果，如图 7-100 所示。

图 7-100

7.4　了解抠像的应用

抠像技术也叫键控技术。键控抠像技术是合成图像中不可或缺的重要环节之一，通过将前期的拍摄和后期的处理相结合，从而使影片的合成更加真实。例如在 After Effects 中导入两张素材图像，如图 7-101 所示。

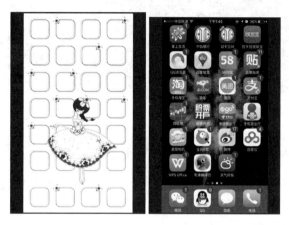

图 7-101

导入素材后，通过抠像技术，即可将这两张毫无关系的素材融合为一个整体，如图 7-102 所示，"时间轴"面板如图 7-103 所示。

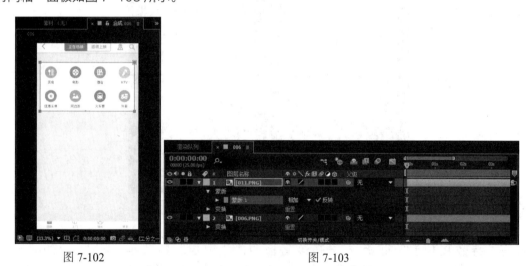

图 7-102　　　　　　　　　　　　　　　　　　　　图 7-103

7.5　键控抠像技术

键控的意思就是在画面中选取一个关键的色彩使其透明，这样就可以很容易地将画面中的主体提取出来。它在应用上和蒙版很相似，主要用于素材的透明控制，当蒙版和 Alpha 通道控制不能满足需要的时候，就需要应用到键控。

键控本身包含在 After Effects CC 的"特效和预设"面板中，如图 7-104 所示，展开"键控"特效组，即可看到 10 种键控特效，如图 7-105 所示。在实际的视频项目制作中，键控的应用非常广泛，也相当重要，下面将分别对这 10 种键控抠像技术进行讲解。

图 7-104   图 7-105

7.5.1 CC Simple Wire Removal(CC 线性擦除)

CC Simple Wire Removal(CC 线性擦除) 特效即简单去除线性的工具，该特效是利用一根线将图像分割，并且在线的部位产生模糊效果，实际上是一种线状的模糊和替换效果，如图 7-106 所示为应用该特效前后的效果对比。

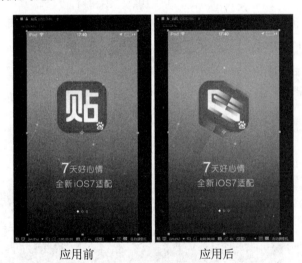

应用前   应用后

图 7-106

打开"特效和预设"面板，展开该面板中的"键控"特效组，将"CC Simple Wire Removal(CC 线性擦除)"选项拖曳至"合成"窗口中，即可为素材应用该特效，"效果控件"面板中相应的参数设置如图 7-107 所示。

图 7-107

7.5.2　颜色差值键

"颜色差值键"特效具有很强大的抠像功能，通过颜色的吸取和加选、减选应用，将需要的图像内容抠出。主要是通过将图像分成蒙版 A 和蒙版 B 两个不同起点的蒙版，蒙版 B 基于指定的键控颜色来创建透明信息；蒙版 A 同样用于创建透明信息，但前提是图像区域中不包含第二种不同的键控颜色。结合 A、B 蒙版的效果就能够得到第三种蒙版的效果，即透明信息。

在"项目"面板中导入两张素材图像，如图 7-108 所示。

图 7-108

确认选择图层 1，打开"特效和预设"面板，展开该面板中的"键控"特效组，将"颜色差异键"选项拖曳至"合成"窗口中，即可应用该特效，在"效果控件"面板中对相应的参数进行设置，如图 7-109 所示，完成设置后，即可看到图像效果，如图 7-110 所示。

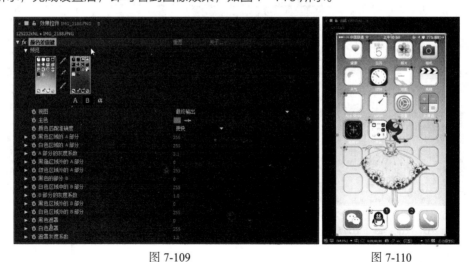

图 7-109　　　　　　　　　　　　图 7-110

7.5.3　颜色范围

"颜色范围"特效通过键出指定的颜色范围产生透明效果，可以应用的色彩模式包括 Lab、YUV 和 RGB 3 种模式。"颜色范围"抠像方式可以应用于背景颜色较多、背景亮度不均匀或者包含相同颜色的阴影（如玻璃、烟雾等）。

在"项目"面板中导入两张素材图像，如图 7-111 所示。

图 7-111

确认选择图层 1，打开"特效和预设"面板，展开该面板中的"键控"特效组，将"颜色范围"选项拖曳至"合成"窗口中，即可应用该特效，在"效果控件"面板中对相应的参数进行设置，如图 7-112 所示，完成设置后，即可看到图像效果，如图 7-113 所示。

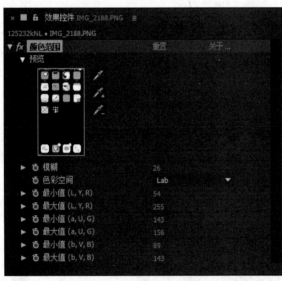

图 7-112

图 7-113

7.5.4 差值遮罩

"差值遮罩"特效通过一个对比层与源层进行比较，然后将源层中位置、颜色与对比层中相同的像素键出。最典型的应用是静态背景、固定摄影机、固定镜头和曝光，只需要一帧背景素材，然后让对象在场景中移动。

在"项目"面板中导入两张素材图像，如图 7-114 所示。

图 7-114

确认选择人物层，打开"特效和预设"面板，展开该面板中的"键控"特效组，将"差异蒙版"选项拖曳至"合成"窗口中，即可应用该特效，在"效果控件"面板中对相应的参数进行设置，如图 7-115 所示，完成设置后，即可看到图像效果，如图 7-116 所示。

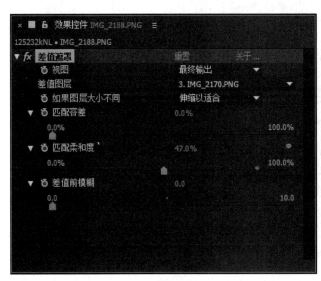

图 7-115

图 7-116

7.5.5　提取

"提取"特效通过图像的亮度范围来创建透明效果。图像中所有与指定的亮度范围相近的像素都将被键出，还可以用它来删除影片中的阴影。对于具有黑色或白色背景的图像，或者背景亮度与保留对象之间亮度反差较大的复杂背景图像，则效果会更好。

在"项目"面板中导入两张素材图像，如图 7-117 所示。

图 7-117

确认选择人物层，打开"特效和预设"面板，展开该面板中的"键控"特效组，将"提取"选项拖曳至"合成"窗口中，即可应用该特效，在"效果控件"面板中对相应的参数进行设置，如图 7-118 所示，完成设置后，即可看到图像效果，如图 7-119 所示。

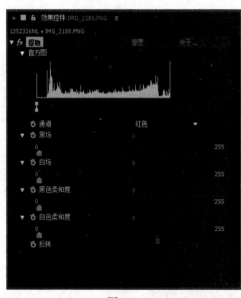

图 7-118

图 7-119

7.5.6 内部／外部键

"内部／外部键"特效是 After Effects 中一个很特殊的键控特效。它通过层的蒙版路径来确定要隔离的物体边缘，把前景物体从它的背景上隔离出来。使用该特效需要为键控对象指定两个蒙版路径，一个蒙版路径定义键出范围的内边缘，另一个蒙版路径定义键出范围的外边缘，系统将根据内外蒙版路径进行像素差异比较，从而键出人物。

利用该特效可以将具有不规则边缘的物体从它的背景中分离出来，在"项目"面板中导入两张素材图像，如图 7-120 所示。使用"钢笔工具"在"合成"窗口中大概绘制出轮廓路径，效果如图 7-121 所示。

图 7-120

图 7-121

确认选择人物层，打开"特效和预设"面板，展开该面板中的"键控"特效组，将"内部 / 外部键"选项拖曳至"合成"窗口中，即可应用该特效，在"效果控件"面板中对相应的参数进行设置，如图 7-122 所示，完成设置后，即可看到图像效果，如图 7-123 所示。

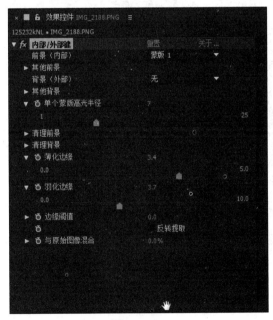

图 7-122

图 7-123

7.5.7 线性颜色键控

"线性颜色键控"特效是一个标准的线性键控，可以包含半透明的区域。线性颜色键控根据 RGB 彩色信息或 Hue（色相）及 Chroma（饱和度）信息与指定的键控颜色进行比较，从而产生透明区域。在"项目"面板中导入两张素材图像，如图 7-124 所示。

确认选择图层 1，打开"特效和预设"面板，展开该面板中的"键控"特效组，将"线性颜色键控"选项拖曳至"合成"窗口中，即可应用该特效，在"效果控件"面板中对相应的参数进行设置，如图 7-125 所示，完成设置后，即可看到图像效果，如图 7-126 所示。

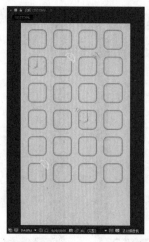

图 7-124

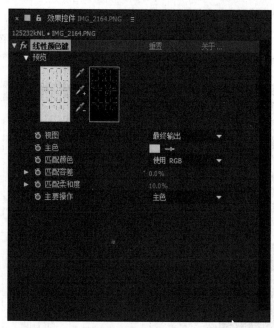

图 7-125

图 7-126

7.5.8 高级溢出抑制器

任何物体除了受到各种光线的影响以外，还经常会受到环境反射光线的影响。例如在蓝色背景下，拍摄的视频主体某些部分会由于蓝色环境光的照射而泛蓝，这样会影响整体拍摄的效果，无法融入其他环境中。

在"项目"面板中导入一张素材图像，如图 7-127 所示。确认选择人物层，打开"特效和预设"面板，展开该面板中的"键控"特效组，将"高级溢出抑制器"选项拖曳至"合成"窗口中，即可为照片应用该特效，在"效果控件"面板中对相应的参数进行设置，如图 7-128 所示。

图 7-127　　　　　　　　　　　　　　　　　　　图 7-128

7.5.9　Keylight(外挂键控)

Keylight 是一个屡获特殊荣誉并经过产品验证的蓝绿屏幕键控插件。根据设计制作的需要，用户可以将外挂键控插件安装在电脑中，安装后即可使用，该插件是为专业的高端电影而开发的键控软件，用于精细地去除影像中任何一种指定的颜色。

"Keylight(1.2)(键控 1.2)"可以通过指定的颜色对图像进行抠除，根据内外蒙版进行图像差异比较，如图 7-129 所示。利用该特效能够制作出各种效果，例如将室内拍摄的人物效果经抠像后与各种景物叠加在一起，从而更像照片，而不是合成。

图 7-129

7.6 抠像技术的应用

前面的章节中已经介绍了几种较为简单的选区创建方法，如"椭圆选框工具"、"套索工具"和"钢笔工具"等。本节将介绍两种用于在图像中创建复杂选区的命令："色彩范围"和快速蒙版，这两个命令常被用于抠图。

实例 35 掌握简单的抠像技术
教学视频：视频 \ 第 7 章 \7-6.mp4   源文件：源文件 \ 第 7 章 \7-6.aep

实例分析：

本实例主要使用抠像技术完成画面效果的制作，在进行动画制作时，抠像技术的使用也是比较重要的，本实例通过使用简单的抠像技术，完成实例的操作，掌握抠像技术的相关知识，同时熟练使用抠像技术。

01 启动 After Effects CC，执行"合成 > 新建合成"命令，弹出"合成设置"对话框，设置如图 7-130 所示，单击"确定"按钮。双击"项目"面板，在弹出的对话框中选择需要的素材，如图 7-131 所示。

图 7-130

图 7-131

02 单击"导入"按钮，将素材导入到项目中，如图 7-132 所示。将素材拖曳到"时间轴"面板中，并调整图层位置，如图 7-133 所示。

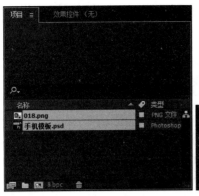

图 7-132　　　　　　　　　　　　　　　图 7-133

03 选中"图层 1"，执行"效果 > 键控 > 提取"命令，如图 7-134 所示。在"效果控件"面板中显示"提取"特效的各项参数，如图 7-135 所示。

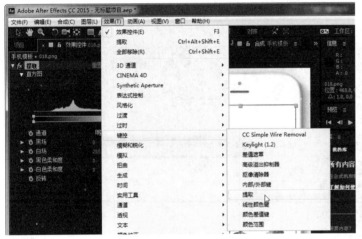
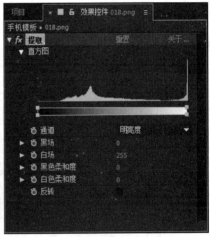

图 7-134　　　　　　　　　　　　　　　图 7-135

04 调整"白场"选项的颜色值，如图 7-136 所示。在合成窗口观看效果，如图 7-137 所示。

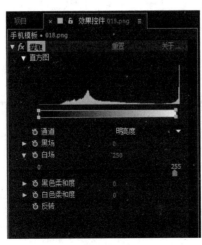

图 7-136　　　　　　　　　　　　　　　图 7-137

7.7　本章小结

本章重点对 After Effects CC 的"颜色校正"特效组中的每个色彩校正特效进行了详细的介绍，通过学习各参数的设置方法，让画面的色调、饱和度、亮度等效果更加理想。

另外还讲解了各种键控抠像及参数的含义，并通过应用实例详细讲解了键控的应用，制作出精美的合成动画效果。通过本章的学习，相信读者已经对抠像的使用技巧胸有成竹，那么在后期项目的制作中，一定会大大提升工作效率。

7.8　课后练习

键控抠像是一个使用很广泛的技能，是合成图像中不可缺少的部分，它可以通过前期的拍摄和后期的处理，使影片的合成更加真实。如果读者熟练掌握了抠像的相关技能和应用，那么就能够制作出丰富、真实的合成效果。通过课后练习的操作对抠像技术进一步掌握。

实战

抠像的操作和应用

教学视频：视频 \ 第 7 章 \7-8.mp4　　源文件：源文件 \ 第 7 章 \7-8.aep

01 启动 After Effects，新建合成，并在"合成设置"对话框中设置相应的参数。

02 在"导入文件"对话框中，选择素材并导入到项目中。

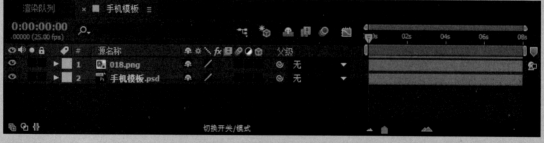

03 选中导入的素材，将其拖曳到"时间轴"面板中。

04 执行"效果 > 键控 > 颜色差值键"命令，在"效果控件"面板中设置各项参数。

第 8 章　跟踪、稳定、表达式与特效

在交互动画制作中，跟踪、稳定与表达式都是不可或缺的重要组成部分，熟练掌握它们将能够提高动画制作的速度和水平。跟踪与稳定主要是对视频中的画面进行调整，在制作动画的时候需把握好运动与跟踪之间的紧密关系；表达式则是帮助影视制作的一种程序手段，在使用的时候要先具备一定的程序基础，但是表达式的作用也是非常强大的可以省去很多烦琐的操作。同时特效也是影视制作中不可或缺的部分，在进行交互动画制作的过程中，添加相应的特效会使得交互设计师的理念能够更加完美地表达给研发人员，所以对 After Effects 中内置特效与模拟特效的了解也是很重要的。

本章知识点
- ✔ 掌握跟踪与稳定的应用
- ✔ 掌握摇摆器
- ✔ 掌握运动草图
- ✔ 了解表达式
- ✔ 了解内置特效
- ✔ 了解模拟特效

8.1　跟踪与稳定的应用

在影视拍摄过程中，难免会出现画面抖动等状况，为了使画面协调美观，就必须对画面进行调整。在 After Effects CC 中，通过采用对影片应用跟踪或稳定的方式达到稳定画面的效果，熟练地掌握跟踪与稳定的应用，对影视制作会有很大帮助。

8.1.1　认识"跟踪器"面板

After Effects CC 中通过对"跟踪器"面板进行设置，以实现对动画的运动跟踪。在操作的过程中，可以通过在"时间轴"面板中选择要跟踪的层，然后执行"动画 > 跟踪运动或变形稳定器"命令，对该层运用跟踪；也可以通过单击"跟踪器"面板中的"跟踪运动"按钮  或者"稳定运动"按钮 稳定运动 ，实现对该层的运动跟踪。

当对某一层使用运动跟踪命令后，可以在"跟踪器"面板中设置相关的参数，如图 8-1 所示为"跟踪器"面板。

跟踪摄像机：单击该按钮可以对摄像机进行反向操作。

变形稳定器：单击该按钮可以对画面进行稳定操作。如果选择的影片素材是晃动的话，单击该按钮会自动稳定画面。

跟踪运动：单击该按钮会对画面进行运动跟踪操作。

稳定运动：单击该按钮会对画面进行运动稳定操作。

运动源：可以在该选项右侧的下拉列表中选择需要跟踪的层。

图 8-1

当前跟踪：当图层有多个跟踪器的时候，在"当前跟踪"选项的下拉列表中可以选择当前使用的跟踪器。

跟踪类型：在该选项右侧的下拉列表中可以选择跟踪类型。

位置\旋转\缩放：当勾选"位置"复选框，则图像跟踪动画为位移跟踪动画；当勾选"旋转"复选框，则图像跟踪动画为旋转跟踪动画；当勾选"缩放"复选框，则图像跟踪动画为缩放跟踪动画。

运动目标：单击该按钮，弹出"跟踪目标"对话框，可以指定跟踪传递的目标。

编辑目标：单击该按钮，弹出"运动跟踪选项"对话框，可以对跟踪器进行更详细的设置。

分析：用来分析跟踪，包括向后逐帧分析、向后回放分析、向前播放分析、向前逐帧分析。

重置：单击该按钮，可以将当前应用的跟踪删除并还原为初始状态。

应用：单击该按钮，可以将当前添加的跟踪结果应用到图像上。

8.1.2　跟踪范围框

当对图像应用跟踪命令的时候，将会自动打开该图像的素材层的层窗口，在素材层的层窗口中会出现一个十字形标记和两个方框构成的跟踪对象，这就是跟踪范围框。其中，外框为搜索框，显示的为跟踪对象的搜索范围；内框为特征框，用于锁定跟踪图像的具体特征；十字形标记为跟踪点，如图8-2 所示为跟踪范围框。

图 8-2

搜索区域：定义下一帧的跟踪范围。搜索区域的大小与要跟踪目标的运动速度有关，跟踪目标的运动速度越快，搜索区域就应该越大。

特征区域：定义跟踪目标的特征范围。After Effects CC 软件会先通过记录特征区域内的色相、亮度、形状等特征，在后续关键帧中再以这些记录的特征进行匹配跟踪。一般情况下，在前期拍摄的过程中就会注意跟踪点的位置。

跟踪点：图像中的十字形标记就是跟踪点，跟踪点是关键帧生成点，是跟踪范围框与其他层之间的链接点。

在使用选择工具的时候，将光标放置在跟踪范围框内的不同位置，会变换为不同的光标，此时移动光标将会产生相应的变化。

提示

当光标变为 形状时，表示可以移动跟踪点的位置。当光标变为 形状时，表示可以移动整个跟踪范围框。当光标变为 形状时，表示可以移动特征区域和搜索区域。当光标变为 形状时，表示可以移动搜索区域。当光标变为 形状时，表示可以拖动改变方框的大小或形状。

8.2 摇摆器

摇摆器通常用于制作随机动画。通过在现有关键帧的基础上自动创建随机关键帧，并产生随机的差值，使图层的属性产生偏差以达到制作随机动画的目的。

执行"窗口 > 摇摆器"命令，可以打开"摇摆器"面板，如图 8-3 所示。

应用到：在该属性的下拉列表中包括"时间曲线图"和"空间动画轨迹"两个选项，前者为关键帧动画随时间变化的曲线图，后者为关键帧动画随空间变化的曲线图。

图 8-3

杂色类型：在该属性的下拉列表中包括"平滑"和"锯齿"两个选项，如果选择"平滑"选项，则关键帧动画产生的过程将变得平缓；如果选择"锯齿"选项，则关键帧动画产生过程的变化会较大。

维数：在该属性的下拉列表中包括"X 轴"、"Y 轴"、"相同变化"、"不同变化"4 个选项。选择"X 轴"选项，表示动画产生在水平位置，即 X 轴上；选择"Y 轴"选项，表示动画产生在垂直位置，即 Y 轴向上；选择"相同变化"选项，表示动画在每一个轴向上都产生相同的变化；选择"不同变化"选项，表示动画在每一个轴向上产生不同的变化，可以看到动画在相同轴向上会产生杂乱的变化。

频率：表示系统每秒添加的关键帧数量，该值越大，产生的关键帧越多，相应的动画的变化也越大。

数量级：表示动画变化幅度的大小，值越大，变化幅度越大。

8.3 运动草图

运动草图是通过绘图的方式随意地绘制运动路径，并根据绘制的轨迹自动创建关键帧，制作出相应的运动动画效果。

通过执行"窗口 > 运动草图"命令，打开"动态草图"面板，如图 8-4 所示。

捕捉速度为：通过修改该属性的参数可以加快或者减慢捕捉动画的速度，参数值越大捕捉动画越快，越小则捕捉动画越慢。

平滑：控制动画捕捉过程中图像与图像的平滑过渡，该属性参数值越大，动画捕捉过程越平滑。

显示：决定鼠标在捕捉过程中以何种方式显示，其中包括两种显示方式，即"线框"模式和"背景"模式。

图 8-4

开始捕捉：单击该按钮，在"合成"窗口中鼠标指针会变成十字形，在"合成"窗口中拖动鼠标，可以绘制捕捉动画。

实例 36　运动草图实现的加载动画效果

教学视频：视频 \ 第 8 章 \8-3.mp4　　　源文件：视频 \ 第 8 章 \8-3.aep

实例分析：

原本使用"位置"实现运动的效果，需要设置大量的参数，现在使用运动草图可以使得运动效果快速地实现，并且简单便捷。通过完成本实例，掌握运动草图的使用。

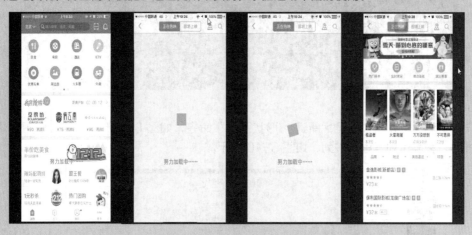

01　启动 After Effects CC，执行"合成 > 新建合成"命令，弹出"合成设置"对话框，如图 8-5 所示。在"项目"窗口的空白处双击鼠标左键，弹出"导入文件"对话框，选择相应的素材文件，如图 8-6 所示。

图 8-5

图 8-6

02　选中刚刚导入的素材，将其从"项目"窗口拖曳到"时间轴"面板上，如图 8-7 所示。调整素材图层的位置，并对时间轴上的素材进行截取，如图 8-8 所示。

图 8-7

图 8-8

03 选中图层 2，执行"图层＞新建＞形状图层"命令，如图 8-9 所示。默认在图层 2 的上方新建形状图层，图层序列号重新排列，如图 8-10 所示。

图 8-9

图 8-10

04 将形状图层素材轨道上的素材进行截取，如图 8-11 所示。使用"矩形工具"在"合成"窗口中绘制一个颜色值为 # 00FEB9 的矩形，如图 8-12 所示。

图 8-11

图 8-12

05 将时间码置于 01s 处，如图 8-13 所示。按快捷键 P，打开"位置"选项，单击"位置"选项前的按钮█添加关键帧，如图 8-14 所示。

图 8-13

图 8-14

06 执行"窗口＞动态草图"命令，如图 8-15 所示。打开"动态草图"面板，如图 8-16 所示。

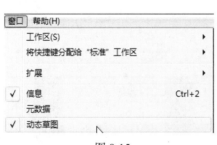 

图 8-15　　　　　　　　　　　　　　　　　　图 8-16

07 单击"开始捕捉"按钮，当鼠标变为十字形，在"合成"窗口中调整矩形的运动轨迹，如图 8-17 所示。按快捷键 R 打开"旋转"选项，对其进行参数设置，如图 8-18 所示。

图 8-17

图 8-18

08 执行"图层 > 新建 > 文本"命令，如图 8-19 所示。使用"横排文字工具"在"合成"窗口中输入相应的文字内容，如图 8-20 所示。

图 8-19

图 8-20

09 完成动画的制作，在"预览"窗口中单击"播放 / 暂停"按钮预览效果，如图 8-21 所示。

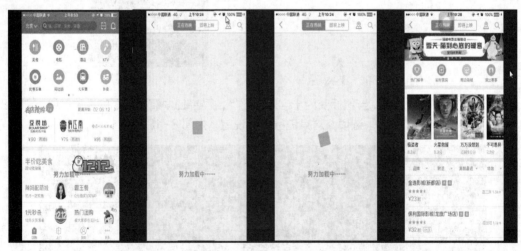

图 8-21

8.4　了解表达式

表达式是程序术语，它表示新的创建操作要基于原来的数值。在 After Effects 中，用户可以用表达式把一个属性的值应用到另一个属性，产生交互性的影响。只要遵守表达式的基本规律，用户就可以创建复杂的表达式动画。

表达式是一种通过编程的方式来实现界面中一些不可能执行的命令，或者是节省一些重复性的操作。使用表达式，可以创建一个层和一个层的关联应用，或者属性与属性之间的关联。例如，可以用表达式关联时钟的时针、分针和秒针，在制作动画时只要设置其中一项的动画，其余两项可以使用表达式关联来产生动画。

创建表达式的时候，完全可以独立在"时间轴"面板中完成，用户可以使用表达式关联器为不同图层的属性创建关联表达式，可以在表达式输入框中输入和编辑表达式，如图 8-22 所示。

图 8-22

"**表达式开关**"按钮**≡**：用于激活或者关闭表达式功能。如果要临时关闭表达式功能可以再次单击该按钮。

"**曲线编辑模式**"按钮**⌐**：用于控制是否在曲线编辑模式下显示表达式动画曲线。

"**表达式关联器**"按钮**◎**：用于关联表达式。

"**表达式语言菜单**"按钮**▶**：单击该按钮会弹出菜单，里面包括一些常用的表达式命令。

在对拍摄的视频进行处理的时候，一般跟踪与稳定是必不可少的环节，而表达式在制作复杂的动画时候也经常会用到，熟练地掌握这些内容对于影视制作有着很重要的作用。

8.4.1　复制应用表达式

有时在某处使用的表达式，在其他图层也会用到，重新输入的话会比较麻烦。这时就可以选中需要复制表达式的那一属性，然后直接按快捷键 Ctrl+C 复制。选中需要输入表达式的图层，按快捷键 Ctrl+V 粘贴。被粘贴的图层只会增加表达式，并不会对其他参数产生影响。

8.4.2　将表达式转化为关键帧

对于应用了表达式的属性，如果需要修改其某时间段的数值，或者需要增加其运算速度的时候，可以通过执行 Animation(动画)>Keyframe Assistant(关键帧助手)>Convert Expression to Keyframes(将表达式转换为关键帧) 命令，将表达式的运算结果进行逐帧分析，并将其转换为关键帧的形式。将表达式转化为关键帧是不可逆的操作，因此转换为关键帧后的图层会自动关闭表达式功能，但可以通过重新打开表达式功能开关，继续应用原表达式。

8.5 表达式的操作

表达式在使用的时候很方便，有时候很多看起来复杂的动画通过表达式的运用就可以轻松实现。表达式的操作分为添加、编辑、保存和调用，以及删除表达式。

8.5.1 添加表达式

打开图层的属性栏，选中某一项属性，执行"动画 > 添加表达式"命令，或者按快捷键 Alt+Shift+=，打开表达式输入框。在 After Effects CC 软件中，可以在表达式输入框中手动输入表达式，也可以使用表达式语言菜单自动输入表达式，如图 8-23 所示。还可以使用表达式关联器◎，以及从其他表达式实例中复制表达式。使用关联器◎进行关联，如图 8-24 所示。

图 8-23

图 8-24

单击表达式上的"表达式语言菜单"按钮◎，会弹出表达式语言菜单，如图 8-25 所示。这些菜单对于正确书写表达式的参数变量及语法是很有帮助的。在 After Effects CC 表达式菜单中选择任何的目标、属性或方法，After Effects 会自动在表达式输入框中插入表达式命令，而用户只要根据自己的需要修改命令中的参数和变量就可以了。

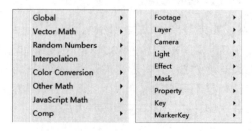

图 8-25

8.5.2　编辑表达式

选中图层的某项属性之后，按住 Alt 键单击该属性前的码表按钮，为该属性添加表达式，如图 8-26 所示。在添加的表达式后面可以看到表达式输入框，在表达式输入框内输入相应的表达式命令或者复制该合成中其他图层的表达式即可。通过单击"表达式语言菜单"按钮，在弹出的表达式语言菜单中选择需要的语言，可以准确、快速地辅助表达式的编辑。

图 8-26

在 After Effects CC 软件中，表达式的写法类似于 Java 语言，一条基本的表达式可以由以下几部分组成。

例如，如下的表达式：

```
thisComp.layer("Black Solid 1").transform.opacity=transform.opacity+time*10
```

其中，thisComp 为全局属性，用来指明表达式所应用的最高层级，layer（"Black Solid 1"）指明是哪一个图层，transform.opacity 为当前图层的哪一个属性，transform.opacity+time*10 为属性的表达式值。

也可以直接用相对层级的写法，省略全局属性，上面的表达式也可以写为：

```
Transform.opacity=transform.opacity+time*10
```

或者更加简洁地写成下面的形式。

```
Transform.opacity+time*10
```

8.5.3　删除表达式

如果要在一个动画属性中删除之前制作的表达式，可以在"时间轴"面板中选择动画属性，然后执行"动画 > 移除表达式"命令，或者在按住 Alt 键的同时单击动画属性名称前的码表按钮。对于没有表达式的参数，在按住 Alt 键并单击其前面的码表时，会取消该参数的表达式，同时表达式也会被清除。如果不想清除表达式，也可以通过单击表达式前的"表达式开关"按钮，这样就可以停用而不清除表达式，再次单击该按钮将会重新启用该表达式。

8.5.4　保存和调整表达式

在 After Effects CC 中，可以将含有表达式的动画保存为一个"动画预设"，以方便在其他工程文件中调用这些动画预置。选中需要保存动画预置的属性，执行"动画 > 保存动画预设"命令，如

图 8-27 所示。弹出"动画预设另存为"对话框，如图 8-28 所示。单击"保存"按钮，即可完成动画预置的保存。

图 8-27   图 8-28

8.5.5　为表达式添加注释

因为表达式是基于 JavaScript 语言的，所以和其他编程语言一样，可以用 "/"、"//" 和 "*/" 为表达式加注释，具体用法如下。

如果只需要注释某一行表达式，可以使用 //，例如：

```
//This is comment
```

如果需要同时注释多行表达式，可以使用输入 /* 在多行中开始注释并在注释结束行加 */，例如：

```
/*This is a Comment
This is a Comment*/
```

8.5.6　表达式中的量

在 After Effects CC 软件中，经常用到常量和变量的数据类型是数组，如果能够熟练地掌握 JavaScript 语言中的数组，对于书写表达式会有很大帮助。

数组常量：在 JavaScript 中，一个数组常量包含几个数，并且用中括号括起来，[32，55]。其中，32 为第 0 号元素，55 为第 1 号元素。

数组变量：对于数组变量，可以将一个指针指派给它，如 myArray=[19，23]。

访问数组变量：可以用 "[ ]" 中的元素序号访问数组中的某一个元素，例如要访问第一个元素 32，可以输入 myArray[0]。

把一个数组指针赋给变量：在 After Effects CC 软件的表达式语言中，很多属性和方法要用数组赋值或返回值。如在二维层或三维层中，thisLayer.Position 是一个二维或三维的数组。

数组的维度：在 After Effects 中，不同的属性有不同的维度，一般为一元、二元、三元、四元，如用来表达不透明度的属性，只要一个值就足够了，所以它为一元属性；position 用来表示空间属性，需要 X、Y、Z 这 3 个数值，所以其为三元属性。下面列举一些常见的维度。

一元：Rotation、Opacity。
二元：Scale[x，y]。
三元：Position[x，y，z]。
四元：Color[r，g，b，a]。

实例 37

交互动画制作中表达式的使用

教学视频：视频 \ 第 8 章 \8-5-6.mp4　　源文件：源文件 \ 第 8 章 \8-5-6.aep

实例分析：

　　本实例主要通过表达式实现文字的抖动效果，通过完成本实例的操作，进一步了解与学习表达式的使用操作。

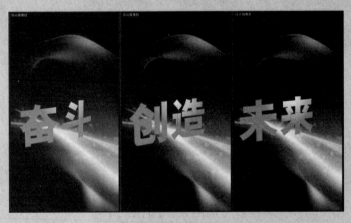

01 执行"合成 > 新建合成"命令，弹出"合成设置"对话框，设置如图 8-29 所示。单击"确定"按钮，新建合成。双击"项目"面板空白处，弹出"导入文件"对话框，选择需要导入的素材，如图 8-30 所示。

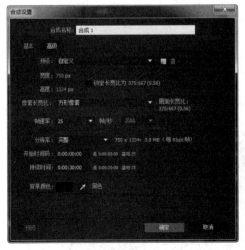

图 8-29

图 8-30

02 单击"导入"按钮，完成素材的导入，如图 8-31 所示。将导入的素材拖曳至"时间轴"面板中，素材效果如图 8-32 所示。

图 8-31　　　　　　　　　　　　　　　　图 8-32

03 ▼　　执行"图层＞文本"命令，新建文本图层，如图 8-33 所示。打开"字符"面板，设置如图 8-34
所示。

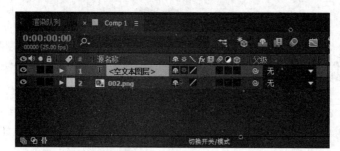

图 8-33　　　　　　　　　　　　　　　　图 8-34

04 ▼　　在"合成"窗口中输入相应的文字，如图 8-35 所示。执行"特效＞生成＞梯度渐变"命令，
打开"效果控件"面板，如图 8-36 所示。

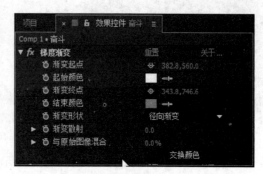

图 8-35　　　　　　　　　　图 8-36

05 在"效果控件"面板中，对"梯度渐变"特效进行设置，如图 8-37 所示。选中"奋斗"层，执行"效果 > 模糊与锐化 > 快速模糊"命令，为层添加"快速模糊"特效，如图 8-38 所示。

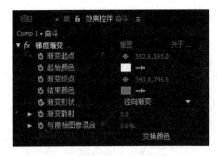

图 8-37　　　　　　　　　　　　　　　　图 8-38

06 将"当前时间指示器"移动到 0s 位置，在"效果控件"面板中单击"模糊度"属性前的码表按钮，添加关键帧，对相关属性进行设置，如图 8-39 所示。将"当前时间指示器"移动到 0.5s 的位置，设置"Blurriness(模糊)"属性值为 0，如图 8-40 所示。

图 8-39　　　　　　　　　　　　　　　　图 8-40

07 在"时间轴"面板中单击"奋斗"层上的"运动模糊"按钮和"三维图层"按钮，如图 8-41 所示。将"当前时间指示器"移动到 0s 位置，按快捷键 P，显示该层的"Position(位置)"属性，并对其参数进行设置，单击"位置"属性前的码表按钮，添加关键帧，如图 8-42 所示。

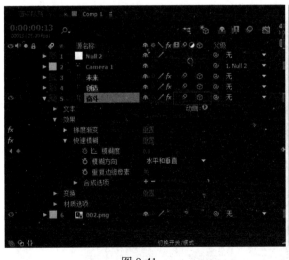
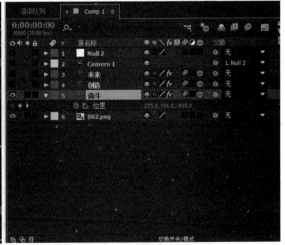

图 8-41　　　　　　　　　　　　　　　　图 8-42

08 将"当前时间指示器"移动到 0.5s 位置，将"位置"值设置为 (375,766,0)，效果如图 8-43 所示。将"当前时间指示器"移动到 1s 位置，将"位置"值设置为 (375,766,100)。将"当前时间指示器"移动到 1.5s 位置，将"位置"值设置为 (375,766,1000)，如图 8-44 所示。

图 8-43

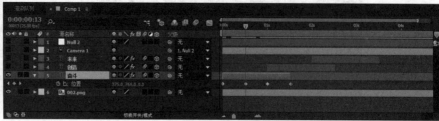

图 8-44

09 将"当前时间指示器"移动到 1s 位置，显示"奋斗"层的"变换"属性，单击"不透明度"属性前的码表按钮，添加关键帧。将"当前时间指示器"移动到 1.5s 位置，设置"不透明度"值为 0，对持续时间滑块进行调整，如图 8-45 所示。

图 8-45

10 使用相同的方法，完成"创造"层、"未来"层的制作，如图 8-46 所示。对"创造"层和"未来"层的持续时间滑块进行调整，如图 8-47 所示。

图 8-46

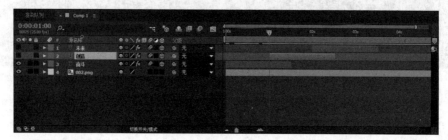

图 8-47

11 执行"图层 > 新建 > 摄像机"命令，弹出"摄像机设置"对话框，设置如图 8-48 所示。单击"确定"按钮，新建摄像机层，显示该层的"变换"属性，设置如图 8-49 所示。

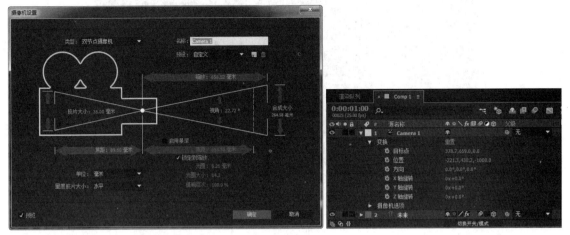

图 8-48   图 8-49

12 执行"图层 > 新建 > 空对象"命令，新建虚拟物体层，按快捷键 P，显示该层的"位置"属性，按住 Alt 键单击"位置"属性前的码表按钮 ⏱，在打开的表达式输入框中输入相应的表达式，如图 8-50 所示。

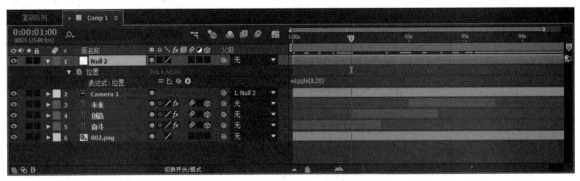

图 8-50

13 选中"摄像机"层，单击该层上的"父子链接"按钮 ⊚，将其指向空对象层，如图 8-51 所示。

图 8-51

14 单击"预览"面板上的"播放 / 暂停"按钮 ▶，预览影片，效果如图 8-52 所示。

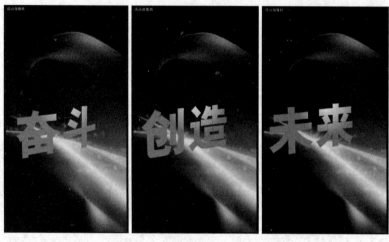

图 8-52

8.6 表达式语言菜单

由于表达式属于一种脚本式的语言,因此 After Effects CC 软件本身提供了一个表达式语言菜单,用户可以在里面查找自己想要的表达式,单击"表达式语言菜单"按钮,弹出表达式语言菜单,如图 8-53 所示。

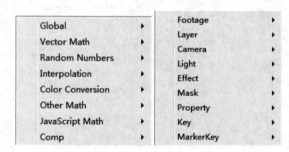

图 8-53

Global(全局):该菜单中的命令主要用于指定表达式的全局对象的设置。

Vector Math(矢量数学):该菜单中的命令主要是矢量数学运算的数学函数。

Random Numbers(随机数方法):该菜单中的命令主要是生成随机数的函数。

Interpolation(插值方法):该菜单中的命令主要是利用插值的方法来制作表达式的函数。

Color Conversion(色彩转换):该菜单中的命令主要是 RGBA 和 HSLA 的色彩空间转换。

Other Math(其他数学方法):该菜单中的命令主要是包括度和弧度的相互转换。

JavaScript Math(JavaScript 数学):该菜单中的命令主要是 JavaScript 中的运算函数。

Comp(合成):该菜单中的命令主要是利用合成的属性制作表达式。

Footage(脚本):该菜单中的命令主要是利用脚本属性和方法来制作表达式。

Layer(层):该菜单中的命令主要是层的各种类型。其子菜单中包括 Sub-object 层的子对象类;General 层的一般属性类;Properties 层的特殊属性类;3D 三维层类;Space Transforms 层的空间转换类。

Camera(摄像机):该菜单中的命令主要是利用摄像机的属性制作表达式。

Light(灯光):该菜单中的命令主要是利用灯光的属性制作表达式。

Effect(特效)：该菜单中的命令主要是利用特效的参数制作表达式。

Mask(蒙版)：该菜单中的命令主要是利用蒙版的属性制作表达式。

Property(属性)：该菜单中的命令主要是利用各种属性制作表达式。

Key(关键帧)：该菜单中的命令主要是利用关键帧、时间和指数制作表达式。

MarkerKey(标记关键帧)：该菜单中的命令主要是利用标记点关键帧的方法制作表达式。

8.7 使用 After Effects 中的特效

After Effects 为用户提供了大量的特效，供用户在进行动画制作的过程中使用，接下来对其进行简单的介绍。

8.7.1 了解内置特效与使用方法

所谓动画特效，就是为视频文件添加特殊的处理，使其产生丰富多彩的视频效果。要想制作出好的视频作品，首先需要了解动画特效的使用方法。本节将重点介绍 After Effects 中动画特效的添加及编辑方法。

▶ 1. 应用特效

After Effects CC 自带了许多标准动画特效，用户可以根据需要对不同类型素材中的任意层应用一种特效，也可以一次性应用多个特效。当对素材中的某一个层应用特效后，系统将自动打开"效果控制"面板，同时在"时间轴"面板中也会出现相关的设置选项。

为图层应用特效的方法很多，也非常便捷，下面向读者介绍两种最常用的方法。

使用菜单命令应用特效：在"时间轴"面板中选中需要应用特效的层，打开 Effect(特效) 菜单，从菜单中选择一种所需要的特效类型，再从其子菜单中选择需要的具体特效即可，如图 8-54 所示。

使用"效果和预设"面板应用特效：在"时间轴"面板中选中需要应用特效的层，在"效果和预设"面板中单击所需特效类型名称前的三角形按钮，在展开的选项中双击所需要的特效名称即可，如图 8-55 所示。

图 8-54

图 8-55

▶ 2. 复制特效

After Effects 软件允许用户在不同的层之间复制特效。在复制过程中，对原图层应用的特效和关键帧也将被保存并复制到其他图层中。

在"效果控件"面板或"时间轴"面板中选中原图层中的一个或多个特效，执行"编辑 > 复制"命令，或按快捷键 Ctrl+C 进行复制，选择目标图层，执行"编辑 > 粘贴"命令或按快捷键 Ctrl+V 进行粘贴即可。

▶ 3. 暂时关闭特效

在 After Effects 中，允许将设置好的特效单独保存为文件，以便下次使用相同设置时进行设置。

在"效果控件"面板中选中需要保存的特效，执行"动画 > 保存动画预设"命令，如图 8-56 所示。弹出"动画预设另存为"对话框，选择需要保存特效的位置以及保存的名称，单击"保存"按钮即可，如图 8-57 所示。

图 8-56

图 8-57

▶ 4. 删除特效

在 After Effects 中，可以通过以下两种方法删除所应用的特效。

如果需要删除一种特效，可以在"效果控件"面板中选中需要删除的特效，执行"编辑 > 清除"命令或按 Delete 键。

如果需要一次删除图层中所添加的所有特效，可以在"效果控件"面板或者"时间轴"面板中选中需要删除特效的图层，执行"效果 > 全部移除"命令，或按快捷键 Ctrl+Shift+E。

8.7.2 了解内置特效组

在 After Effects CC 中提供了大量的内置特效组，每一组特效中含有多种特效供用户使用，下面对特效组进行逐一介绍。

▶ 1. 3D 通道特效组

"3D 通道"特效组主要用于对图像进行三维方面的修改，所修改的图像需要带有三维信息，如 Z 通道、材质 ID 号、物体 ID 号、法线等，通过对这些信息的读取，进行特效的处理。该特效组中包括 3D 通道提取、深度遮罩、场深度、EXtractoR(提取)、雾 3D、ID 遮罩和标识符 7 种特效，如图 8-58 所示。

▶ 2. 音频特效组

"音频"特效组中的特效主要用于对影片中的声音进行特效方面的处理，制作出不同效果的声音特效，例如回音、降噪等。该特效组中包括变调与合声、参数均衡、倒放、低音和高音、调制器、高通/低通、混响、立体声混合器、延迟和音调 10 个特效，如图 8-59 所示。

图 8-58

图 8-59

▶ 3. 模糊与锐化特效组

"模糊与锐化"特效组中的特效主要用于对图像进行各种模糊和锐化处理。该特效组中包括 CC Cross Blur、CC Radial Blur、CC Radial Fast Blur、CC Vector Blur、定向模糊、钝化模糊、方框模糊、复合模糊、高斯模糊、减少交错闪烁、径向模糊、快速模糊、锐化、摄像机镜头模糊、双向模糊、通道模糊和智能模糊 17 个特效，如图 8-60 所示。

图 8-60

▶ 4. 通道特效组

"通道"特效组中的特效命令主要用来控制、转换、插入和抽取一个图像的通道，对图像进行混合计算。该特效组中包括 CC Composite、反转、复合运算、固态层合成、混合、计算、设置通道、设置遮罩、算术、通道合成器、移除颜色遮罩、转换通道和最小 / 最大 13 个特效，如图 8-61 所示。

CC Composite	设置通道
反转	设置遮罩
复合运算	算术
固态层合成	通道合成器
混合	移除颜色遮罩
计算	转换通道
设置通道	最小/最大

图 8-61

▶ 5. 扭曲特效组

"扭曲"特效组中的特效主要用来对图像进行扭曲变形，是很重要的一类画面特效，可以对画面的形状进行校正，也可以使平常的画面变形为特殊的效果。该特效组中包括 CC Bend It(CC 两点弯曲)、CC Bender(CC 弯曲)、CC Blobbylize(CC 滴状斑点)、CC Flo Motion(CC 液化流动)、CC Griddler(CC 网格变形)、CC Lens(CC 镜头)、CC Page Turn(CC 卷页)、CC Power Pin(CC 四角缩放)、CC Ripple Pulse(CC 波纹脉冲)、CC Slant(CC 倾斜)、CC Smear(CC 涂抹)、CC Split(CC 分裂)、CC Split2(CC 分裂 2)、CC Tiler(CC 拼贴)、保留细节放大、贝塞尔曲线变形、边角定位、变换、变形、变形稳定器 VFX、波纹、波形变形、放大、改变形状、光学补偿、果冻效应修复、极坐标、镜像、偏移、球面化、凸出、湍流置换、网格变形、旋转扭曲、液化、置换图、漩涡条纹 37 个特效，如图 8-62 所示。

CC Bend It	CC Split 2	果冻效应修复
CC Bender	CC Tiler	极坐标
CC Blobbylize	保留细节放大	镜像
CC Flo Motion	贝塞尔曲线变形	偏移
CC Griddler	边角定位	球面化
CC Lens	变换	凸出
CC Page Turn	变形	湍流置换
CC Power Pin	变形稳定器 VFX	网格变形
CC Ripple Pulse	波纹	旋转扭曲
CC Slant	波形变形	液化
CC Smear	放大	置换图
CC Split	改变形状	漩涡条纹
	光学补偿	

图 8-62

▶ 6. 生成特效组

"生成"特效组中的特效可以在画面中创建出各种常见的效果，例如闪电、镜头光晕、激光等，还可以对图像进行颜色填充，例如渐变等。

在该特效组中包括 CC Glue Gun(CC 喷胶器)、CC Light Burst 2.5(CC 光线爆发 2.5)、CC Light Rays(CC 光芒放射)、CC Light Sweep(CC 扫光效果)、CC Threads(CC 编织)、单元格图案、分形、高级闪电、勾画、光束、镜头光晕、描边、棋盘、四色渐变、梯度渐变、填充、涂写、椭圆、网格、无线电波、吸管填充、写入、音频波形、音频频谱、油漆桶和圆形 26 种特效，如图 8-63 所示。

CC Glue Gun	四色渐变
CC Light Burst 2.5	梯度渐变
CC Light Rays	填充
CC Light Sweep	涂写
CC Threads	椭圆
单元格图案	网格
分形	无线电波
高级闪电	吸管填充
勾画	写入
光束	音频波形
镜头光晕	音频频谱
描边	油漆桶
棋盘	圆形

图 8-63

▶ 7. 蒙版特效组

"蒙版"特效组中的特效可以对带有 Alpha 通道的图像进行收缩或描绘。在该特效组中包含 mocha shape(mocha 形状)、调整柔和遮罩、调整实边遮罩、简单阻塞工具和遮罩阻塞工具 5 个特效，如图 8-64 所示。

▶ 8. 透视特效组

"透视"特效组中的特效可以用来对素材进行各种三维透视变换。在该特效组中包括 3D 摄像机跟踪器、3D 眼镜、CC Cylinder (CC 圆柱体)、CC Environment(CC 环境)、CC Sphere(CC 球体)、CC Spotlight (CC

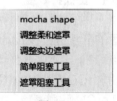

mocha shape
调整柔和遮罩
调整实边遮罩
简单阻塞工具
遮罩阻塞工具

图 8-64

聚光灯）、边缘斜面、径向阴影、投影和斜面 Alpha 共 10 种特效，如图 8-65 所示。

图 8-65

9. 风格化特效组

"风格化"特效组中的特效主要用于模拟各种绘画效果，使图像的视觉效果更加丰富。在该特效组中包括 CC Block Load(CC 阻塞加载)、CC Burn Film(CC 燃烧)、CC Glass(CC 玻璃)、CC Kaleida(CC 万花筒)、CC Mr. Smoothie(CC 平滑)、CC Plastic(CC 塑料)、CC RepeTile(CC 边缘拼贴)、CC Threshold(CC 阈值)、CC Threshold RGB(CC 阈值 RGB)、彩色浮雕、查找边缘、动态拼贴、发光、浮雕、画笔描边、卡通、马赛克、毛边、散布、色调分离、闪光灯、纹理化和阈值共 23 种特效，如图 8-66 所示。

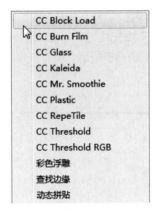

图 8-66

10. 时间特效组

"时间"特效组中的特效以素材时间为基准，控制素材的时间特性，在使用时间特效的时候，忽略其他使用的效果。该特效组中包括 CC Force Motion Blur(CC 强力运动模糊)、CC Wide Time (CC 时间混合)、残影、色调分离时间、时差、时间扭曲、时间置换和像素运动模糊共 8 种特效，如图 8-67 所示。

图 8-67

❱❱ 11. 过渡特效组

"过渡"特效组中提供了一系列的转场特效，在 After Effects 中，转场特效是作用在每一层图像上的。由于 After Effects 是合成特效软件，与非线性编辑软件有所区别，所以提供的转场特效并不是很多。在该特效组中包括 CC Glass Wipe(CC 玻璃擦除)、CC Grid Wipe (CC 网格过渡)、CC Image Wipe(CC 图像擦除)、CC Jaws(CC 锯齿)、CC Light Wipe(CC 发光过渡)、CC Line Sweep(CC 线扫描)、CC Radial ScaleWipe(CC 放射状缩放擦除)、CC Scale Wipe(CC 缩放擦除)、CC Twister (CC 扭曲)、CC WarpoMatic(CC 液化扭曲)、百叶窗、光圈擦除、渐变擦除、径向擦除、卡片擦除、块溶解和线性擦除共 17 种特效，如图 8-68 所示。

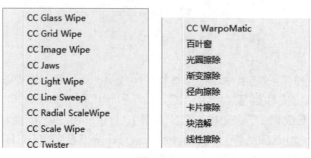

图 8-68

❱❱ 12. 实时工具特效组

"实时工具"特效组中的特效主要用于调整素材颜色的输出和输入设置，在该特效组中包括 CC Overbrights(CC 超过亮色)、Cineon 转换器、HDR 高光压缩、HDR 压缩扩展器、范围扩散、颜色配置文件转换器和应用颜色 LUT 共 7 个特效，如图 8-69 所示。

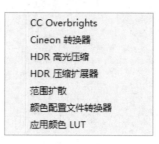

图 8-69

8.7.3 了解应用模拟特效

"模拟"特效组中包含了 18 种特效，主要用来表现碎裂、液态、粒子、星爆、散射和气泡等特殊效果，这些特效功能强大，能够制作出多种逼真的效果。但是其选项较多，设置也比较复杂，需要用户逐一详细地了解，后期应用起来才能更加得心应手。

执行"效果 > 模拟"命令，即可看到该选项组中所包含的多种特效选项，如图 8-70 所示。或者打开"效果和预设"面板，展开该面板中的"模拟"选项组，即可看到相应的特效选项，如图 8-71 所示。

图 8-70   图 8-71

实例 38 交互动画中特效的使用

教学视频：视频 \ 第 8 章 \8-7-3.mp4   源文件：源文件 \ 第 8 章 \8-7-3.aep

实例分析：

本实例通过为交互动画添加特效，为交互展现更好的动画效果。通过完成实例的操作，掌握 After Effects 中特效的使用。

01 ▼ 启动 After Effects CC，执行"合成 > 新建合成"命令，弹出"合成设置"对话框，设置如图 8-72 所示，单击"确定"按钮。双击"项目"面板，在弹出的对话框中选择需要的素材，如图 8-73 所示。

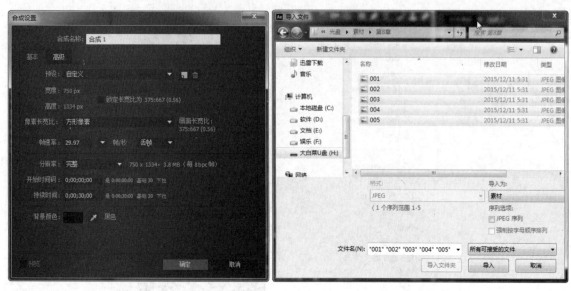

图 8-72   图 8-73

02 单击"导入"按钮，将素材导入项目中，如图 8-74 所示。将素材拖曳到"时间轴"面板中，并调整图层位置，如图 8-75 所示。

图 8-74   图 8-75

03 对"时间轴"面板上的素材进行截取，如图 8-76 所示。

图 8-76

04 展开"变换"属性，添加"位置"关键帧，并设置参数，如图 8-77 所示。继续添加"不透明"关键帧，并设置参数，如图 8-78 所示。

图 8-77

图 8-78

05 执行"图层 > 新建 > 形状图层"命令，如图 8-79 所示。新建形状图层，并调整其图层位置，如图 8-80 所示。

图 8-79

图 8-80

06 使用"矩形工具"绘制一个矩形，设置填充颜色值为 #0060FF，如图 8-81 所示。继续使用"椭圆工具"绘制一个椭圆，设置填充颜色值为 #26F7D7，使用"多边形工具"绘制一个五边形，设置填充颜色值为 # 00FF84，如图 8-82 所示。

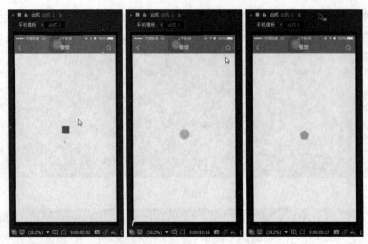

图 8-81　　　　　　　　　　图 8-82

07 　单击"形状图层"中"矩形"前的三角按钮,展开相应的"变换"属性,如图 8-83 所示。将时间码置于 2s 的位置,单击"位置"选项前的关键帧按钮 ,添加关键帧,如图 8-84 所示。

图 8-83

图 8-84

08 　将时间码置于 2.5s 的位置,调整"位置"选项的参数,如图 8-85 所示。继续将时间码置于 3s 的位置,调整"位置"选项的参数,如图 8-86 所示。

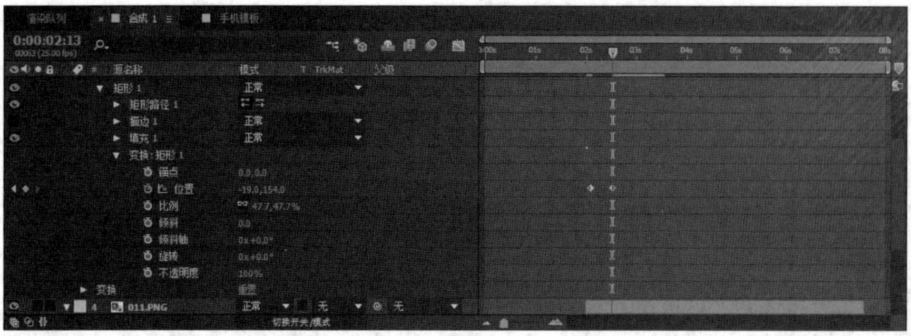

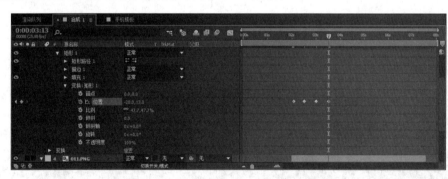

图 8-85

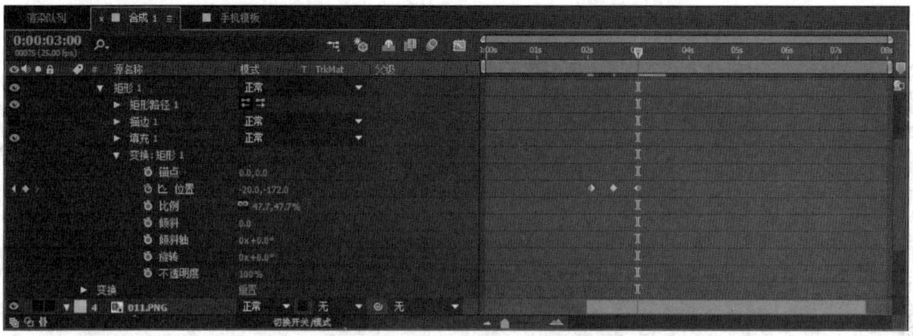

图 8-86

09 　将时间码置于 3.5s 的位置，调整参数，如图 8-87 所示。将时间码置于 2s 的位置，单击"旋转"选项前的关键帧按钮，添加关键帧，如图 8-88 所示。

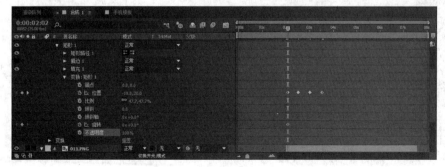

图 8-87

图 8-88

10 　将时间码置于 3.5s 的位置，调整"旋转"选项的参数，如图 8-89 所示。使用相同的方法添加"不透明"属性关键帧，并设置相应关键帧位置的参数，如图 8-90 所示。

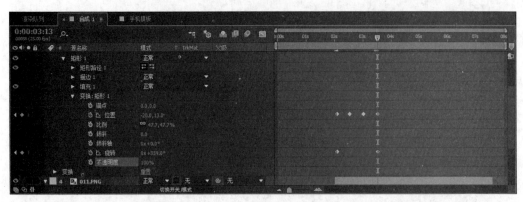

图 8-89

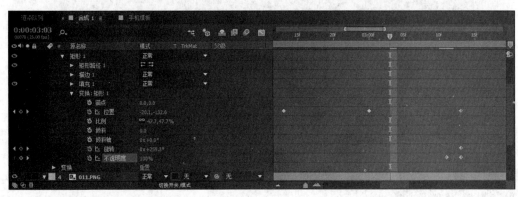

图 8-90

11 使用相同的方法，为其他两个形状添加相应属性的关键帧，并设置参数值，如图 8-91 所示。

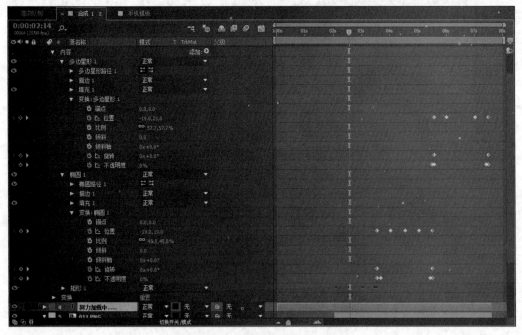

图 8-91

12 使用"横排文字工具"，在"字符"面板中设置相应的参数值，设置文字颜色值为 #6C6B6B，如图 8-92 所示。在"合成"窗口中的相应位置单击输入文字内容，如图 8-93 所示。

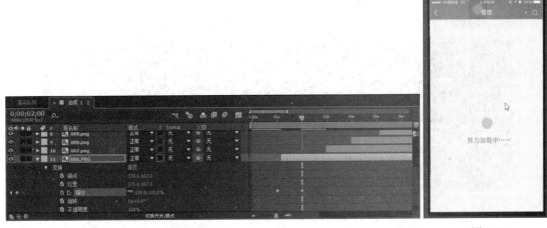

图 8-92　　　　　　　　　　　　　　　　　　图 8-93

13 　　在"项目"面板中的空白区域双击鼠标，在弹出的"导入文件"对话框中选择相应的素材，如图 8-94 所示。单击"导入"按钮，完成素材的导入操作，如图 8-95 所示。

图 8-94

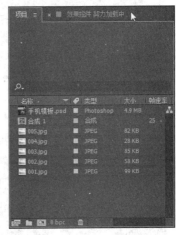

图 8-95

14 　　选中刚刚导入的素材，单击鼠标右键，在弹出的快捷菜单中选择"基于所选项新建合成"选项，如图 8-96 所示。新建合成，将"合成 1"拖曳到"时间轴"面板中，如图 8-97 所示。

图 8-96

图 8-97

15 ▼ 完成动画的制作，选中"手机模板"合成，执行"合成 > 添加到渲染队列"命令，如图 8-98 所示。对各项参数进行设置，单击渲染按钮，对动画进行渲染输出，如图 8-99 所示。

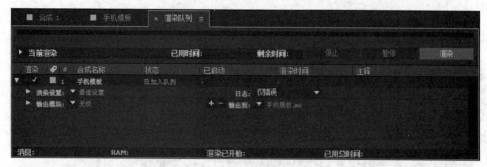

图 8-98

图 8-99

16 ▼ 启动 Photoshop CC，如图 8-100 所示。执行"文件 > 导入 > 视频帧到图层"命令，弹出 "打开"对话框，选择刚刚渲染生成的动画文件，如图 8-101 所示。

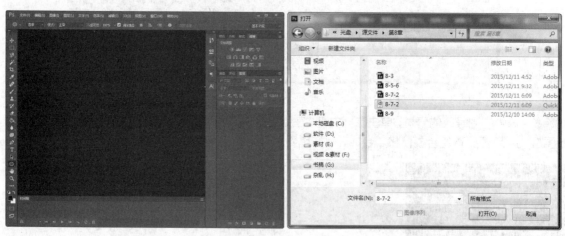

图 8-100 　　　　　　　　　　　　　　　　　　图 8-101

17 ▼ 单击"打开"按钮，在弹出的"将视频导入图层"对话框中选择相应的选项，单击"确定" 按钮，设置如图 8-102 所示。完成视频文件的导入，执行"文件 > 导出 > 存储为 Web 所有格式" 命令，弹出"存储为 Web 所有格式"对话框，选择相应的选项并对其参数进行设置，如图 8-103 所示。

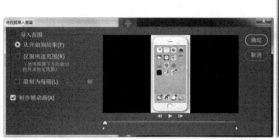

图 8-102

图 8-103

18 单击"存储"按钮，在弹出的"将视频导入图层"对话框中选择相应的选项，单击"确定"按钮，完成动画的制作与输出，观看其效果，如图 8-104 所示。

图 8-104

8.8　本章小结

　　本章通过对跟踪、稳定与表达式的介绍，为大家详细讲解了它们的各种功能和效果。通过详细的实例为大家展示了在实际应用中如何应用跟踪、稳定与表达式。通过在实际影视制作的过程中不断地学习和实践，摸索出更加有效的应用方法，为以后的工作打下更加坚定的基础。同时又对 After Effects CC 中的相应特效进行了学习。

8.9　课后练习

　　本章主要讲解的是动画的跟踪、稳定、表达式与特效的使用，通过前面的学习对其已经有了详细的了解，接下来通过课后练习，进一步掌握特效的使用。

实战　使用动画特效
教学视频：视频 \ 第 8 章 \8-9.mp4　　　源文件：源文件 \ 第 8 章 \8-9.aep

01 新建合成，导入相应的素材，并将素材添加到"时间轴"面板上。

02 为素材添加相应的位移特效。

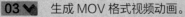

03 生成 MOV 格式视频动画。

04 通过 Photoshop 生成 GIF 格式的动画。

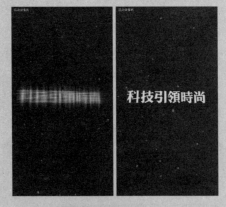

05 打开文本图层的 3D 层开关，新建摄像机层，添加帧并调整位置。单击"预览"面板上的"播放 / 暂停"按钮，预览影片。

第 9 章 交互动画的渲染输出

在影视动画的制作过程中，渲染是制作完成的最后一个步骤，也是非常关键的一步。在 After Effects CC 中，可以将合成项目渲染输出成视频文件、音频文件或者序列图片等，由于渲染的格式影响着动画最终呈现出来的效果，因此即使前面制作得再精妙，不成功的渲染也会直接导致操作的失败。本章将详细讲解动画渲染和输出的相关知识。

9.1　什么是渲染动画

渲染及输出的时间长度与动画的长度、内容的复杂程度、画面的大小等因素有关，不同的动画输出所需要的时间也不相同，不同的动画需要渲染的尺寸也不相同。在进行输出时，合成的图层及每个图层中的蒙版、效果和属性都被逐帧渲染成一个或多个输出文件。

在 After Effects CC 中，制作动画的流程通常是首先置入相应的素材，然后制作需要的特效和动画，最后对该动画进行渲染及输出操作。

9.2　渲染工作区

当设计者制作完成一个项目文件时，最终都需要将其渲染输出，有时候只需要将动画中的一部分渲染输出，而不是整个工作区的动画，此时就需要设置调整渲染工作区，从而将部分动画渲染输出。

渲染工作区位于"时间轴"面板中，由"开始工作区"和"结束工作区"两个点来控制渲染区域，如图 9-1 所示。

图 9-1

调整渲染工作区的方法有两种，一种是通过手动调整渲染工作区，另一种是使用快捷键调整渲染工作区，两种方法都可以完成渲染工作区的调整设置，从而渲染输出部分动画。

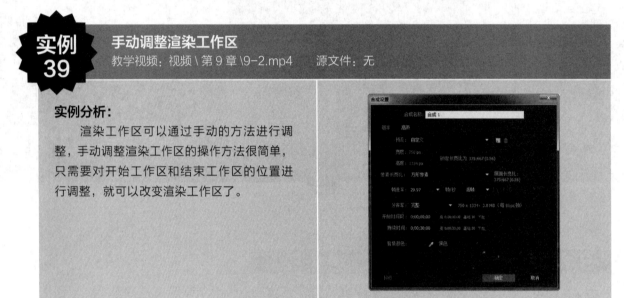

实例 39　手动调整渲染工作区

教学视频：视频 \ 第 9 章 \9-2.mp4　　　源文件：无

实例分析：

渲染工作区可以通过手动的方法进行调整，手动调整渲染工作区的操作方法很简单，只需要对开始工作区和结束工作区的位置进行调整，就可以改变渲染工作区了。

01 ▼　打开 After Effects CC，执行"合成 > 新建合成"命令，弹出"合成设置"对话框，设置如图 9-2 所示，单击"确定"按钮。双击"项目"面板，在弹出的对话框中选择需要导入的素材，如图 9-3 所示。

图 9-2

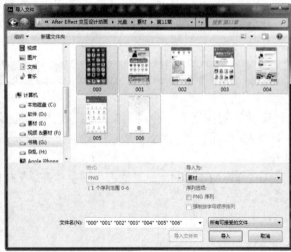

图 9-3

02 　单击"导入"按钮，在"项目"面板中选中刚导入的素材，将其拖曳至"时间轴"面板中，添加素材，如图 9-4 所示。

图 9-4

03 　将鼠标指针放置在"开始工作区"位置，当光标变成箭头 时，按住鼠标左键向右拖动，即可修改开始工作区的位置，如图 9-5 所示。

图 9-5

04 　使用相同的方法，将鼠标指针放置在"结束工作区"位置，当光标变成箭头 时，按住鼠标左键向左或向右拖动，即可修改结束工作区的位置，如图 9-6 所示。调整完成后，即可完成渲染工作区的修改操作。

图 9-6

> 如果想要精确地控制开始或结束工作区的时间帧位置，首先将"当前时间指示器"调整到相应的位置，然后按住 Shift 键的同时拖动开始或结束工作区，可以吸附到"当前时间指示器"的位置。

　　除了手动调整渲染工作区外，还可以使用快捷键进行调整，操作起来更加方便快捷。

　　在"时间轴"面板中，将"当前时间指示器"拖动至需要的时间帧位置，按快捷键 B，即可调整"开始工作区"到当前的位置。

　　在"时间轴"面板中，将"当前时间指示器"拖动至需要的时间帧位置，按快捷键 N，即可调整"结束工作区"到当前的位置。

9.3　　"渲染队列"面板

在 After Effects CC 中，主要是通过"渲染队列"面板来设置渲染输出动画，在该面板中可以控制整个渲染进度，整理各个合成项目的渲染顺序，设置每个合成项目的渲染质量、输出格式和路径等。

执行"合成＞添加到渲染队列"命令，或者按快捷键 Ctrl+M，即可打开"渲染队列"面板，如图 9-7 所示。

图 9-7

在"渲染队列"面板中，可以设置每个项目的输出类型，每种输出类型都有自己特殊的选项。大致可以分为 3 个部分，包括"当前渲染"、"渲染组"和"所有渲染"。

当动画开始渲染后，After Effects 会在进度栏中显示渲染的进度，如图 9-8 所示。

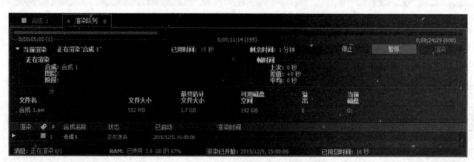

图 9-8

单击"当前渲染"左侧的三角按钮，即可展开当前渲染的数据细节，如图 9-9 所示。

图 9-9

渲染队列显示了所有等待渲染的项目列表，并显示了渲染的合成项目名称、状态和渲染时间等信息，用户可以通过"Render Queue（渲染序列）"面板对相关参数进行设置，如图 9-10 所示。

图 9-10

1）添加合成项目到渲染组

如果想要进行多个动画的渲染，就需要将动画添加到渲染队伍中，渲染组合成项目的添加方法很简单。

在"项目"面板中，选择一个或多个合成项目，执行"合成 > 添加到渲染序列"命令，或者按快捷键 Ctrl+M，即可将合成项目文件添加到渲染组中。

2) 删除渲染组中的合成项目

在渲染队列中，如果有不需要的合成项目文件，应该及时进行删除，删除多余合成项目文件的方法很简单。只需要选择一个或多个不需要的合成项目文件，执行"编辑 > 清除"命令，或者按键盘上的 Delete 键，即可将多余的合成项目文件进行删除。

3) 修改渲染组中的渲染顺序

在渲染合成项目中，默认情况下，系统会从上向下依次进行渲染，如果想修改渲染的顺序，可以选择一个或多个合成项目文件，按住鼠标左键将其拖曳到需要的位置，如图 9-11 所示。

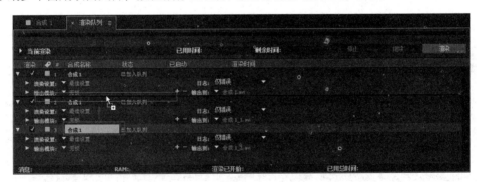

图 9-11

当在需要的位置上出现黑色线条时，释放鼠标，即可将所选项目文件移动到相应的位置，效果如图 9-12 所示。

图 9-12

9.4　渲染设置

在开始渲染动画时，可以对渲染的动画应用系统提供的渲染模板，这样就可以更快捷地渲染需要的动画效果。

在 After Effects CC 中，提供了许多常用的渲染模板，用户可以根据自己的需要，直接使用现有的模板来渲染动画。

在"渲染队列"面板中，单击"渲染设置"选项右侧的■按钮，即可在弹出的下拉菜单中选择系统自带的预置，如图 9-13 所示。

图 9-13

在弹出的下拉菜单中显示了多种常用的模板，通过移动并单击鼠标，可以选择需要的渲染模板。

单击"输出模板"选项右侧的■按钮，用户可在弹出的下拉菜单中选择不同的输出模块，如图9-14所示。

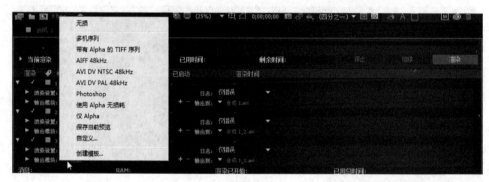

图 9-14

在"渲染队列"面板中，单击"渲染设置"右侧的按钮■，在弹出的下拉菜单中选择"自定义"命令，或直接单击"最佳设置"文字链接，弹出"渲染设置"对话框，如图 9-15 所示。

执行"编辑＞模板＞渲染设置"命令，或者单击"渲染队列"面板中"渲染设置"右侧的按钮■，在弹出的下拉菜单中选择"创建模板"选项，如图 9-16 所示，即可弹出"渲染设置模板"对话框，如图 9-17 所示。

图 9-15

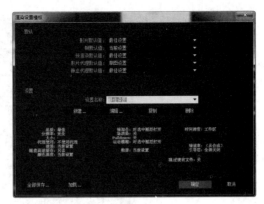

图 9-16　　　　　　　　　　　　　　　　图 9-17

9.5　输出设置

After Effects CC 的输出设置包括对渲染动画的视频和音频输出格式及压缩方式等的设置。用户可以使用 After Effects 预置好的输出模板，也可以根据输出需要对输出设置进行相应的调整。

在"渲染序列"面板中单击"输出模块"右侧的按钮 ▼，在弹出菜单中选择"自定义"选项，或者直接双击"输出模块"文字按钮，即可弹出"输出模块设置"对话框，如图 9-18 所示。

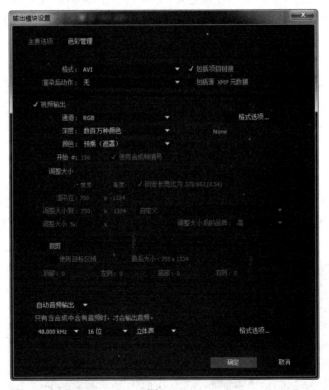

图 9-18

执行"编辑 > 模板 > 输出模块"命令，或者单击"渲染序列"面板中"输出模块"右侧的按钮 ▼，在弹出的下拉菜单中选择"创建模板"选项，如图 9-19 所示，即可弹出"输出模块设置"对话框，如图 9-20 所示。

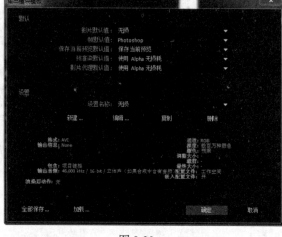

图 9-19   图 9-20

9.6　动画的输出

在 After Effects CC 中，当一个动画文件制作完成后，就需要将最终的结果输出，以供开发人员更好地理解交互设计作品的效果，After Effects CC 中提供了多种输出的方式，但是相对于交互动画制作来说，最适宜的一种格式就是 QuickTime 格式的视频文件。其原因是便于之后导入 Photoshop 中再输出 GIF 格式的动画文件。

实例 40　　**输出标准的 QuickTime 格式文件**

教学视频：视频 \ 第 9 章 \9-6.mp4　　　源文件：源文件 \ 第 9 章 \9-6.mov

实例分析：

完成动画效果的制作，就要将动画整体输出，在 After Effects CS6 以上版本中常见的输出格式中没有 GIF 动画，所以用户只能配合着 Photoshop 进行输出，但是首先要知道什么格式适合导入 Photoshop 中导出 GIF 动画，通过下面的实例操作掌握这一输出方式在 After Effects 中的输出格式。

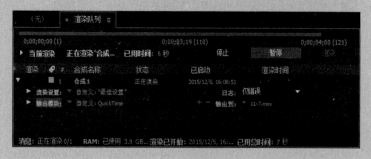

01　　启动 After Effects，执行"文件 > 打开项目"命令，弹出"导入文件"对话框，如图 9-21 所示。在弹出的"导入文件"对话框中选择名称为 007.aep 的素材文件，单击"导入"按钮，将素材文件导入软件中，如图 9-22 所示。

图 9-21　　　　　　　　　　　　　　　　　　　图 9-22

02 ☑　在"项目"面板中选中"合成 1"，执行"合成 > 添加到渲染队列"命令，如图 9-23 所示。将合成添加到"渲染队列"，如图 9-24 所示。

图 9-23　　　　　　　　　　　　　　　　　　图 9-24

03 ☑　单击"渲染设置"选项后的链接文字"最佳设置"，弹出"渲染设置"对话框，在其中对各项参数进行设置，如图 9-25 所示。完成渲染设置，继续完成输出模块设置，如图 9-26 所示。

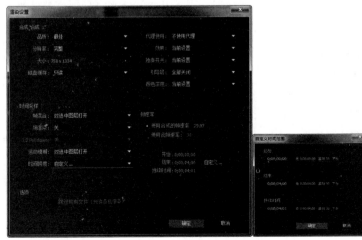

图 9-25　　　　　　　　　　　　　　　　　　图 9-26

04 使用相同的方法继续完成动画输出位置的设置，如图 9-27 所示。单击"渲染"按钮对其进行渲染，如图 9-28 所示。最终完成 QuickTime 格式文件的输出操作。

图 9-27

图 9-28

9.7 利用 Photoshop 生成最终动画

渲染与输出往往是制作影视作品的最后一步，在制作交互动画时它却不是最后一步，用户在完成对动画的编辑合成与输出之后，由于还要将交互动画导入到 Photoshop 软件中，将其存储为 GIF 格式的交互动画供软件研发人员观看，以便于能够很好地理解交互设计师所设计的交互作品。

实例 41　生成最终的 GIF 格式动画

教学视频：视频 \ 第 9 章 \9-7.mp4　　源文件：源文件 \ 第 9 章 \9-7.gif

实例分析：

本实例主要通过 Photoshop 将前面 After Effects 中输出的 QuickTime 文件转换成 GIF 格式动画。

01 启动 Photoshop CC，执行"文件>导入>视频帧到图层"命令，弹出"打开"对话框，如图 9-29 所示。在弹出的"打开"对话框中选择名称为"9-6.mov"的源文件，单击"打开"按钮，弹出"将视频导入图层"对话框，如图 9-30 所示。

图 9-29

图 9-30

02 单击"确定"按钮，完成视频文件的导入操作，如图 9-31 所示。执行"文件 > 导出 > 存储为 Web 所有格式（旧版）"命令，如图 9-32 所示。

图 9-31

图 9-32

03 在弹出的"存储为 Web 所有格式"对话框中设置相应的选项，如图 9-33 所示。单击"存储"按钮，设置存储位置，如图 9-34 所示。

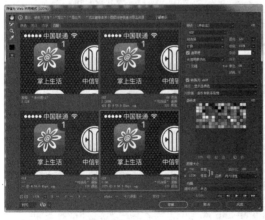

图 9-33

图 9-34

04 单击"保存"按钮，将 QuickTime 格式文件输出。完成交互动画制作的最后一步，导出 GIF 格式动画。用户可以预览观看效果，如图 9-35 所示。

图 9-35

提示

在最后对交互动画测试预览的时候，由于不同的电脑配置，交互动画播放的速度受其影响，所以应该对动画进行多次测试，并且应在不同配置的电脑上进行测试预览。同时最后生成的 GIF 动画，也可以在 QuickTime 播放器中预览。

9.8 课后练习

本章主要讲解了视频的渲染与输出设置、渲染工作区不同的设置方法、渲染和输出模板的创建和更改，并通过实例操作的方式详细讲解了常见的交互动画格式的输出方法，接下来完成课后练习的操作，对交互动画的输出进一步掌握。

实战

输出交互动画
教学视频：视频 \ 第 9 章 \9-8.mp4   源文件：源文件 \ 第 9 章 \9-8.gif

01 启动 After Effects，打开名称为 5-1-1.aep 的项目文件。

02 添加到"渲染队列"中，对各项参数进行设置，并进行渲染。

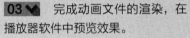

03 完成动画文件的渲染，在
播放器软件中预览效果。

04 启动 Photoshop CC 软件，将视频文件导入其中。
导出 GIF 格式的交互动画文件。